STEM创新教育系列

用图形学
Python 3

佘友军　著

U0304598

人民邮电出版社

北　京

图书在版编目（CIP）数据

用图形学Python 3 / 佘友军著. -- 北京 : 人民邮
电出版社, 2021.4
　（STEM创新教育系列）
　ISBN 978-7-115-55414-7

Ⅰ. ①用… Ⅱ. ①佘… Ⅲ. ①软件工具－程序设计－
青少年读物 Ⅳ. ①TP311.561-49

中国版本图书馆CIP数据核字(2020)第233347号

内 容 提 要

本书以设计计算机图形的形式，融汇 Python 编程的各种知识，如变量、循环、列表、函数、类、对象等，通过可视化的图形介绍 Python 编程算法，通过一个个富有吸引力的项目，帮助读者提高计算思维。书中使用的案例设计巧妙，融合了数学、艺术、英语、科学等多学科内容，非常适合学校、培训机构开展 STEM 教学。

本书适合需要学习计算机编程的中小学生学习，也适合中小学教师开展 Python 教学实践。

◆ 著　　　　　佘友军
　责任编辑　李永涛
　责任印制　王　郁　彭志环

◆ 人民邮电出版社出版发行　　北京市丰台区成寿寺路 11 号
　邮编　100164　电子邮件　315@ptpress.com.cn
　网址　https://www.ptpress.com.cn
　北京瑞禾彩色印刷有限公司印刷

◆ 开本：700×1000　1/16
　印张：10.25
　字数：212 千字　　　　　　　　　2021 年 4 月第 1 版
　印数：1 – 3 000 册　　　　　　　2021 年 4 月北京第 1 次印刷

定价：59.90 元

读者服务热线：**(010)81055410**　印装质量热线：**(010)81055316**
反盗版热线：**(010)81055315**
广告经营许可证：京东市监广登字 20170147 号

序

PREFACE

Python是一种被广泛使用的高级编程语言，语法简洁，非常容易上手。同时，Python语言的生态丰富，有大量的库可以使用。这些库涵盖机器学习、数据分析、人工智能、图像处理等计算机技术的各个领域。这些都是目前Python进入中小学信息技术课程的重要原因。

对中小学生而言，Python语言不仅可以作为专业的开发工具，还可以用来训练计算思维。计算思维是运用计算机科学的基础概念去求解问题、设计系统和理解人类的思维。当我们求解一个特定的问题时，我们通常都要思考：通过怎样的步骤解决这个问题，解决这个问题有几种方案，哪个方案才是最佳的解决方法？这种思维能力是每个人的基本能力，不仅仅是计算机科学家要掌握。事实上，计算思维已经成为与阅读、写作和算术并列的能力。

佘友军老师一直致力于信息技术与数学融合教学的研究，曾经参与江苏省小学、初中信息技术教材的编写，他对Python程序设计进行过较深入的研究和充分的实践。这是佘老师编写的第二本Python图书，这本书是在疫情期间撰写的。在疫情肆虐的日子里，他先后为孩子们录制了十多节Python启蒙课，并通过在线平台供孩子们免费观看，受到了较好的评价，数千名孩子由此进入了代码编程的大门。在此基础上，佘老师增加了很多案例，完成了这本书的写作。与第一本书相比，这本书趣味性更强，学生读起来更舒服。

作为长期坚持在教学一线的老师，佘老师通过设计巧妙的教学活动，帮助学生理解编程知识的诸多概念。佘老师借助于生活中的模型，帮助学生理解程序学习中的指令、变量、循环、嵌套循环、列表、对象、模块等概念。借助于环形跑道的模型，帮助学生理解循环的特点和功能，并很好地理解break语句和continue语句。利用饼干模具和饼干的关系，帮助学生很好地理解对象与类的概念，令人拍案叫绝。这些生动形象的举例，内容有趣，充分展示了Python程序的优点。

这本书的特色在于将编程中的各种概念、基本算法融会于画图教学中，通过具体而形象的例子，让学生理解算法，掌握概念，展示了Python语言的魅力，让学生充分感受程序语言的设计之美。同时，这本书的视野很开阔，融汇了多门学科的内容，如数学、艺术、英语、科学等。整本书驾轻就熟，厚积薄发，没有多年积累，是达不到这个高度的。

希望广大中小学计算机教师能从本书中汲取灵感，让我们的编程课堂充满灵气，希望孩子们能够感受到Python语言的乐趣，是为序。

江苏省教育科学研究院信息技术教研员　丁婧

前言

INTRODUCTION

本书主要面向 Python 语言的零基础读者，在写作上的最大特色是采用了形象化教学法。众所周知，人类的认识活动遵循由简到繁、由熟悉到陌生、由形象到抽象的规律。因而，书中设计了大量具体、直观的图形创作任务，并通过浅显易懂的讲解、精美的配图和恰到好处的标注等方式，帮助读者更好地理解循环、循环嵌套、随机模块、类与对象等晦涩难懂的概念及其相关语法，并在任务解决的过程当中学会灵活应用，一步步走入计算机编程的殿堂，在分析问题、确定算法、编程求解等实践体验中，感受利用计算机解决实际问题的精妙与乐趣，并提高自己分析问题和解决问题的能力。

内容简介

本书可以分为三部分：第 1 章为基本内容，介绍数据类型、函数、运算、变量及赋值等基础知识；第 2 章到第 6 章以创作图形为载体，在画图或制作动画的过程中学习 Python 语言的语法；第 7 章由面向过程的设计转向面向对象的设计，介绍类与对象的概念、类的定义与继承。

读者对象

本书适合多种不同层次的 Python 研究者，涵盖数学、英语、艺术甚至科学方面的内容，非常适合开展 STEM 跨学科学习。

致谢

谨以此书献给我的父亲母亲和岳父岳母，感谢我的妻子和女儿对我所从事、热爱的事业的支持。

感谢教导我的师长们，感谢范迪穗、钱呈国、范本林、俞慧平、赵歧来、曹海兵、龚品兰、李志丹、夏莲、黄卫菊老师给予的帮助。

感谢郑明达、徐金贵、仲海峰、许卫兵、许习白、周振宇、陆晓林、王丽、薛华、景素霞、李建梅、吴丽娟、李军、姚德贵、何春光、许云松先生给予的帮助。

感谢华东师范大学吴永和教授、南京师范大学顾建军教授和柏宏权教授、江苏省教育科学研究院李生元老师和丁婧博士、南通市教科院孙伟老师、苏州市教育科学研究院孙朝仁老师！

佘友军

目录 CONTENTS

第1章

程序设计基础

计算机是人们处理信息的重要工具，计算机处理信息是通过执行程序代码来完成的。因此，要让计算机按人们的要求处理信息，首先要编写相应的程序。通过本章的学习，我们将了解程序设计的基本概念和编写程序解决问题的一般过程，掌握利用Python语言编写规范程序的基本知识及算法优化的思想。

学习目标

• 会编写程序完成简单的计算，掌握运算符的优先级。

• 会使用input()函数获取用户的输入。

• 会将数据赋值给变量。

1.1　Python简介

Python语言是一种被广泛使用的高级编程语言。Python的语法简洁，非常容易上手。同时，Python语言的生态丰富，有大量的库可以使用。这些库涵盖机器学习、数据分析、人工智能、图像处理等领域，几乎覆盖了计算机技术的各个领域。合理使用Python的库和开源项目，可以提高我们的编程速度。Python语言不仅可以作为专业的开发工具，还可以用来训练我们的计算思维。

1.2　编程环境简介

CPU只能执行机器语言指令，所以使用高级语言编写的程序必须翻译成机器语言。翻译方式有编译和解释两种。编译是将高级语言程序翻译成可独立运行的二进制代码，解释是指读取程序中的每条指令后，将其转换为机器语言指令，通常不会创建独立的机器语言程序。Python语言的翻译使用解释器。常用的Python语言编程环境有PyCharm、Visual Studio Code、Notebook、Spyder、IDLE和Mu等，我们首先从IDLE和Mu开始讲起，如图1-1所示。

IDLE   Mu

图 1-1

是的，在英文里面 Python 是蟒的意思，所以在很多有关 Python 的图标或图书中常能看到蟒的影子，蟒已经成为 Python 语言的图腾了。

1.3　安装 Python 编辑环境

登录 Python 的官方网站，下载安装文件，如图 1-2 所示。

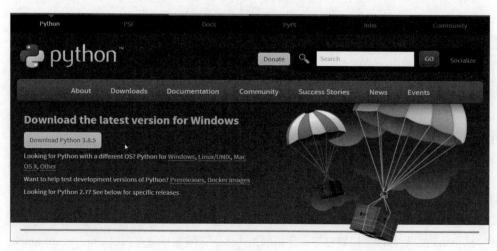

图 1-2

下载完毕后，双击安装文件，安装过程中记得选中"Add Python 3.8 to PATH"选项，如图1-3所示，然后单击"Install Now"选项，开始安装。

图1-3

出现下面的窗口则表示软件安装成功，如图1-4所示。

图1-4

在Windows操作系统的"开始"菜单中找到"IDLE（Python 3.8）"，IDLE是Python语言的集成编辑环境，是Integrated Development and Learning Environment的缩写。单击鼠标右键后选择"固定到开始屏幕"选项，如图1-5所示。

以后就可以在开始屏幕中启动IDLE编程环境了，如图1-6所示。

图 1-5

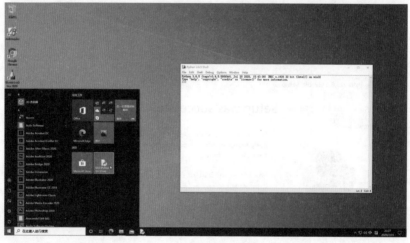

图 1-6

1.4 数据类型

存储在计算机中的信息通常被称为数据。

像1、2、0、-4这样的数是整数，类型说明符为int，int类型的数可以是正整数、0或负整数。

像0.5、-3.1这样的数是浮点数，浮点数表示有小数部分的数，类型说明符为float。

像'coding'、"厚德载物"这样的数据是字符串，字符串被括在一对单引号（'）或双引号（"）中，类型说明符为str。

Python中内置了大量的函数，所谓函数是完成某个特定操作的程序代码。例如，使用type()函数可以查看数据的类型，如图1-7所示。

图 1-7

下面我们打开IDLE 3编程环境来做个实验。

单击"开始"按钮，然后单击"编程"，单击"IDLE 3"将以交互模式运行Python解释器。可以看到，窗口中有一个">>>"符号，">>>"是一个提示符，可以在此输入Python语句。分别输入下面3行指令，如图1-8所示。

图 1-8

class有班级的意思，不过这里class是类的意思，如图1-9所示。在Python里所有的数据都是对象，属于不同的种类。

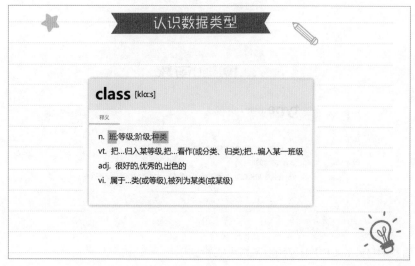

图1-9

输入 type(5.0) 后按回车键，程序将得到执行。返回的结果 <class 'float'> 表示是 float 类型的数据。在交互模式下，每输入一行指令后，都能显示出操作的结果，如图1-10所示，非常适合我们研究函数的用途。

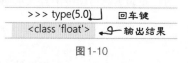

图1-10

图1-11所示的3个数据中，5.0是浮点数，5是整数，两端带引号的'5'是一个字符串。

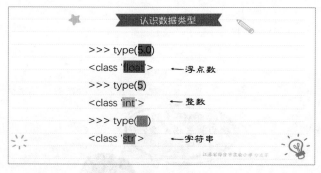

图1-11

1.5 认识函数

函数是完成一个特定任务的一组语句，Python提供了函数库，像print()、type()等函数都是内置函数，可以直接在Python解释器中使用。当我们执行一个函数时，就是在调用一个函数。在1.4节的代码中，我们调用了type()函数。其中type是函数名，后面是一对英文括号，括号的内部是函数的参数，如图1-12所示。

图1-12

我们再来认识一个函数。print()函数是最基本的内置函数之一，它的主要功能是在屏幕上输出信息。在提示符后面输入下面的语句，并按回车键执行。

```
>>> print('Life is short, use Python')
Life is short, use Python
```

print()函数的参数可以有一个，也可以有多个，如图1-13所示。Python代码规范：多个参数之间使用英文逗号隔开，建议在逗号后面空一格，这样代码不会太拥挤。

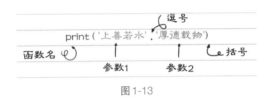

图1-13

如图1-14所示，蓝色为输出的内容，print()函数会在两个参数之间自动增加一个空格作为分隔符。我们还可以增加一个参数来改变中间的分隔符：

```
>>> print('上善若水', '厚德载物', sep = '-')
上善若水 - 厚德载物
```

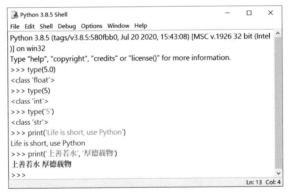

图1-14

其中sep是separator的简写，表示分隔符，sep = '-'表示分隔符为'-'，如图1-15所示。如果不希望有分隔符，可以设置sep = ''，单引号内没有任何内容。

```
>>> print('上善若水', '厚德载物', sep = '')
上善若水厚德载物
```

图 1-15

如果要打印 I'm here，使用这样的语句 print('I'm here.') 是错误的。这时我们就可以组合使用单引号和双引号。代码如下：

```
print("I'm here.")
```

下面列举了其他一些常见的内置函数，如图 1-16 所示。

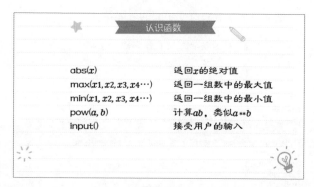

图 1-16

```
>>> abs(-2)
2
>>> max(0, -1, 20, 5)
20
>>> min(0, -1, 20, 5)
-1
>>> pow(10, 2)
100
```

1.6 运算

Python程序可以完成各种类型的数学运算，表1-1列出了部分常见运算。在交互模式中输入下面的算式，查看输出结果（一般运算符两边各空一格，这样阅读性更佳）。

表1-1 运算符

符号	含义	举例	结果
+	加	2 + 3	5
−	减	6 − 4	2
*	乘	3 * 7	21
/	除	5 / 2	2.5
%	模（求余）	21 % 4	1
//	求两数相除的商	57 // 8	7
**	指数运算	10 ** 3	1000

运算符**是指数运算符，如 $10 * 10 * 10 = 10^3$，读作10的3次方，在Python里可以写成 10 ** 3。试试看，你能算出100个25相乘的结果吗？

Python代码规范：在 =、−、+=、==、>、in、is not、and 等运算符两边各空一格。当然，如果不输入空格，程序也不会报错，使用空格的优点是代码不会显得太拥挤。

运算符%是求余运算符，求余运算符用途很广，如要判断一个数是偶数还是奇数，可以用这个数%2，看余数是否为0。

猜猜看：100 / 10 ** 3的结果是多少？在>>>符号后面输入算式验证自己的想法。

结果为什么不是1000呢？

Python在计算时也是遵循一定的数学顺序的，这个顺序与我们数学课上学习的混合运算法则完全一样。数学运算的优先级别由高到低如下：

（1）小括号里的。

（2）指数运算：**。

（3）乘、除、取余、求商：*、/、%、//。

（4）加法和减法：+、−。

在 100 / 10 ** 3 中，优先级别高的是指数运算，10 ** 3=1000，100 / 1000 = 0.1，如果要先算前面的除法，可以加上小括号，变成（100 / 10）** 3，这个表达式的结果是1000。

数学中小括号的外面要使用中括号，比如 [100 / (10 − 5)] ** 3，在Python编程中只能使用小括号，应当这样写：(100 / (10 − 5)) ** 3。

如果优先级别相等，那么按照从左往右的顺序依次计算。唯一的一个例外是指数运算，10 ** 2 ** 3应当理解成10 ** （2 ** 3）。

```
>>> 10**2**3
100000000
>>> (10**2)**3
1000000
```

字符串也可以进行计算，比如'天道' + '酬勤'表示合并两个字符串，输出的结果为'天道酬勤'。如果输入'Python 语言' + 666，那么会得到错误信息，如图1-17所示。'Python 语言'是字符串，666是整数，字符串与整数无法相加。

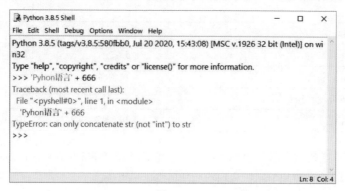

图1-17

探究学习

（1）字符串能乘以整数，输入'祝福' * 365，如图1-18所示。

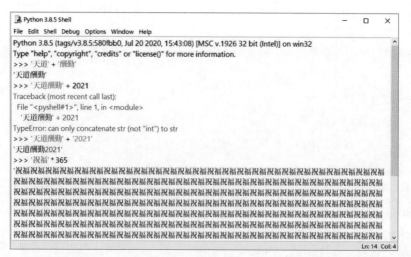

图1-18

（2）试比较13 + 14与'13' + '14'运算结果的不同，如图1-19所示。

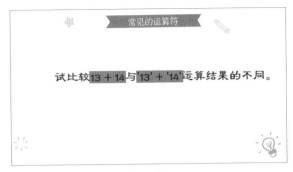

图1-19

1.7　变量与赋值语句

数据一般都存储在计算机的存储器中，通过变量可以访问这些数据。比如在视频游戏中，使用变量存储用户的生命值，如图1-20所示。可以这样编写：number_of_lives = 3。

图1-20

再比如，我们可以使用变量 $score$ 来表示完成任务的得分。当一个变量表示存储器中的数值时，我们就称这个变量引用了这个数值。我们可以使用赋值语句来创建一个变量并使其引用一个数值，赋值语句的基本格式为：变量 = 值。

比如：

```
score = 86
```

如图1-21所示，在这个赋值语句中，"="称为赋值运算符，赋值运算符左侧是变量名，右侧是值。该语句新建了一个名为 $score$ 的变量，数值86存储在计算机存储器中的某个位置，如图1-22所示。赋值语句执行完毕后，位于等号左边的变量将引用等号右边的值。

图1-21

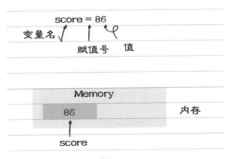

图1-22

在交互环境中输入：

```
>>>score = 86
>>>print(score)
```

可以查看 *score* 引用的数值。

变量在程序运行过程中可以引用不同的值，如图 1-23 所示。

```
>>>score = score + 1
```

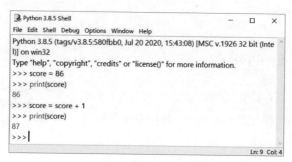

图 1-23

在这个语句中，*score* + 1 的结果被赋值给 *score*，此时 *score* 的值为 87，如图 1-24 所示。

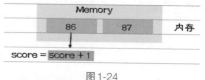

图 1-24

如图 1-25 所示，旧值 86 依然保存在计算机存储器中，只不过没有被变量引用。Python 解释器会通过一定的机制，自动将它们移出存储器。

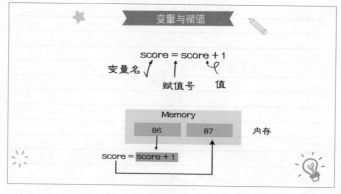

图 1-25

变量的命名要遵循一定的规则，如图1-26所示。

◎ 变量名一律小写，变量名中不能出现空格，如有多个单词，可以用下划线隔开，如school_name，不能写成school name；
◎ 变量名必须以字母或者下划线开头，不能以数字开头，比如2a就是一个错误的变量名；
◎ 不能使用Python语言的关键字，例如不能使用import、and等作为变量名。

图1-26

变量名一般以小写字母开头，如果由多个单词组成，也可以在不同的单词之间加下画线，比如number_of_lives。也有人写成numberOfLives，这是可以的，但不是Python推荐的命名规范。

numberOfLives和number_of_lives都是合格的变量名，使用这两种方法可以提高阅读性，想想看，如果写成numberoflives，看起来该有多么费劲。

Python支持多个变量同时赋值，比如：

```
>>>a, b = 3, 4
>>>print(a, b)
3 4
```

表示将3赋值给变量a，将4赋值给变量b。

如图1-27所示，如果需要交换两个变量的数值，在上面的代码后面接着输入下面的语句：

```
>>> a, b = b, a
>>>print(a, b)
4 3
```

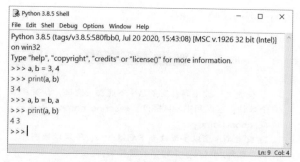

图 1-27

下面我们来编写一个求半径为 2 的圆形面积的简单程序。首先我们需要设计算法，算法能帮助我们做一个规划。计算圆形面积的算法描述如图 1-28 所示。

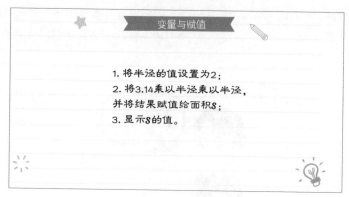

变量与赋值

1. 将半径的值设置为 2；
2. 将 3.14 乘以半径乘以半径，并将结果赋值给面积 s；
3. 显示 s 的值。

图 1-28

程序可以这样编写：

```
>>>r = 2
>>>s = 3.14 * r * r
>>>print('圆的面积是', s)
```

这里将 2 赋值给变量 r，计算出面积后再将面积赋值给变量 s，最后打印出结果。

完全没有问题，$score += 1$ 表示变量 $score$ 的值在自身基础上加 1，等同于 $score = score + 1$；同样，$score += 2$ 表示 $score = score + 2$。再比如，$a -= b$ 表示将 a 赋值为 $a - b$，$a *= b$ 表示将 a 赋值为 $a * b$。

score += 1
这个语句是不是有问题呀？

1.8　input() 函数

使用input()函数可以获取用户输入的信息，用户输入的内容都将以字符串类型返回结果。input()函数可以单独使用，但一般都会在括号中给出一些提示性的文字，比如：

```
r = input('请输入圆形的半径：')
```

需要注意的是，无论用户输入的是文字还是数字，input()函数都输出为字符串类型。

```
>>> r = input('请输入圆形的半径：')
请输入圆形的半径：2
>>> type(r)
<class 'str'>
```

我们需要将输入的数据转换成可以参加计算的数据。表1-2列举了常用的类型转换函数。

表1-2　类型转换函数

函数	描述
int()	将小数或字符串转换为整数
float()	将字符串或数字转换为浮点数
str()	根据给出的对象创建一个新的字符串对象
eval()	返回传入字符串的表达式的结果

eval()是Python的一个内置函数，这个函数可以返回传入字符串的表达式的结果。比如，eval(' 2.5')返回的结果是小数2.5，eval('2 + 3')返回的结果是整数5。

```
>>> r = eval(input('请输入圆形的半径：'))
请输入圆形的半径：2
>>> type(r)
<class 'int'>
```

现在返回的结果就是一个整数了。

```
>>>s = 3.14 * r * r
>>>print('圆的面积是', s)
圆的面积是 12.56
```

到这里，我们一起研究了变量、函数、运算、赋值等知识，有了这些基础，我们就可以开始美妙的图形创作之旅了。

第2章

引用模块与循环语句

像print()、type()这样的函数，内置在Python解释器中，可以直接调用。另外，还有很多函数存储在文件中，这些文件可以完成各种各样的功能，它们被称为库或模块。为了调用模块中的函数，我们需要在程序开始部分写一个import语句，import语句告诉解释器需要引用的模块名称。

学习目标

- 掌握引用模块的方法。
- 学会使用while循环和for循环来编写需要重复执行的语句。

2.1 引用模块

turtle（海龟）模块是一个轻松有趣的学习程序设计基本概念的工具。我们可以在计算机上输入各种命令指挥海龟的移动。海龟带着一支可以放下或抬起的笔，通过编程控制海龟前进的路线，我们可以绘制出各种美丽的图案。

海龟画图的相关函数并没有内置在Python解释器中，因此需要用"import turtle"语句将该文件装入内存，这样我们就能够使用turtle模块中的相关函数了，如图2-1所示。

图2-1

该模块的文件名为turtle.py，位于Python安装目录的Lib文件夹中，如图2-2所示。

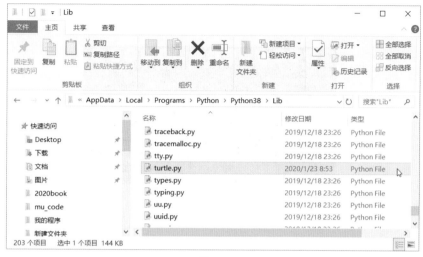

图2-2

第1章介绍的内容，我们都是在交互模式下输入代码，利用交互模式可以逐行执行并显示结果。如果需要修改程序或保存程序，就需要使用编辑器了。在交互模式下，选择"文件"菜单下的"新建文件"命令，打开编辑器窗口，输入图2-3所示的程序，保存后选择"运行"菜单下的"运行模块"命令，可以绘制一个半径为150像素的圆形。

图2-3

也可以使用Mu编辑环境，单击"开始"按钮，运行Mu编辑器。单击"模式"按钮，确保当前模式为"Python 3"，如图2-4所示。

图2-4

将第一行文本删除，输入图2-5所示的程序。

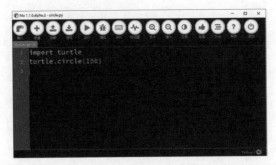

图2-5

Mu有一个很好的功能，就是能够进行代码提示，当我们输入tur时，可以看到提示的第一个单词就是turtle，这时可以直接按回车键使用这个单词，如图2-6所示。这里import是导入、引用的意思，turtle是海龟的意思。

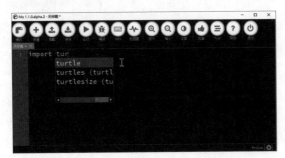

图2-6

在Python中，画圆需要使用的函数是circle()，circle的中文含义就是圆形。

画圆函数的语法：turtle.circle(radius)，如图2-7所示。

图2-7

这里radius是半径的意思，现在你知道为什么数学老师喜欢用r来表示圆的半径了吗？

因为r是英文radius的第一个字母。

在编程的时候，如果我们要用到一个函数，可以调用这个函数。

这里调用了函数circle，turtle是模块，中间是一个点号，circle是函数名，150是函数的参数。

现在我们来看看画图的结果吧。

单击"运行"按钮，程序没有反应，出现图2-8所示的画面，这是怎么回事呢？这是因为文件需要保存后才能运行。

图2-8

运行程序，我们将得到一个半径为150像素的圆，海龟初始方向向右，向左前方画出弧线，走满一圈后返回原地。

我们可以通过"放大"和"缩小"按钮调整文字的大小，还可以更改程序的主题，如图2-9所示，推荐使用灰色主题，因为这种主题色有助于保护眼睛。

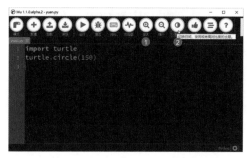

图2-9

试试看，如果输入 turtle.circle(-150) 会画出怎样的图形？

图2-10所示图形是由6个圆形组合而成的，每画出一个圆形后，需要旋转一定的角度，然后画出下一个圆形。

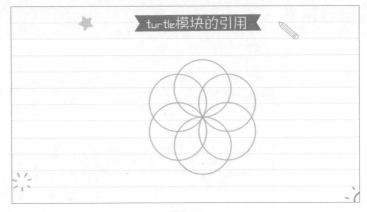

图2-10

旋转的指令有两个，如图2-11所示。

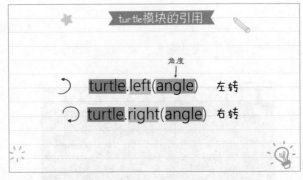

图2-11

程序代码如图2-12所示。

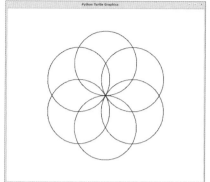

图2-12

使用speed()函数可以设置海龟画图的速度，其中的参数表示海龟的速度，参数范围为1~10，参数为0则速度最快，如图2-13所示。

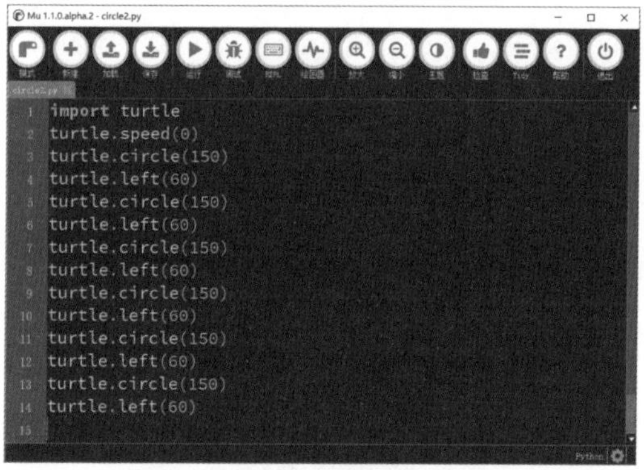

图2-13

补充阅读：使用import保留字引用turtle模块有以下几种方式。

（1）import turtle

如图2-14所示，使用这种方式引用turtle模块，调用函数时需要采用"模块名.函数名"的形式，如：

```
import turtle
turtle.circle(150)
```

circle(150)函数可以绘制一个半径为150像素的圆形。使用这种引用方式，程序的可读性更强。如果模块名太长，为了使用方便还可以给模块取个别名，如：

```
import turtle as t
t. circle(150)
```

图2-14

（2）from turtle import *

如图2-15所示，使用这种方式引用模块，可以直接调用函数，不需要输入前面的模块名。

```
from turtle import *
circle(150)
```

其中的"*"号是一个通配符，表示引用turtle模块中的全部函数，这样就能直接调用模块中的所有函数。当然，也可以仅引用其中的一个函数，比如：

```
from turtle import circle
circle(150)
```

这种引用方式仅能直接调用circle()函数。

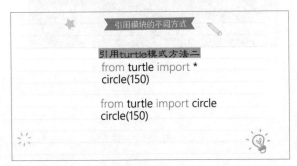

图2-15

表2-1中列出了其他常用绘图函数及其功能。

表 2-1　其他常用绘图函数及其功能

函数	功能
setup(800,600)	设置图形窗口的大小
pensize(2)	设置画笔宽度为2像素，默认为1像素
forward(200)	前进200像素

续表

函数	功能
backward(300)	后退 300 像素
right(45)	右转 45°
left(60)	左转 60°
home()	返回原点
pendown()	落笔
penup()	提笔
reset()	清除并返回原点
clear()	清除后停留在原地
showturtle()	显示海龟
hideturtle()	隐藏海龟
dot(直径 , 颜色)	绘制指定直径和填充颜色的圆点
write(' 字符 ')	在海龟所在的位置书写文字
title(' 字符 ')	设置画图窗口的标题

2.2　dot() 函数

在 2.1 节中，我们认识了 circle() 函数，本节我们来认识新的画圆函数——dot()。dot 的中文意思是 "点"，如图 2-16 所示。在用英语念网址的时候经常遇到这个词，如 www.ptpress.cn。

图 2-16

dot() 函数的语法介绍如图 2-17 所示。

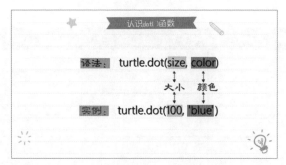

图 2-17

这里的 size 指的是圆点的直径，color 是颜色的字符串，如 'red'。

现在我们来试试这个函数。

打开 Mu 编辑器，确保当前模式为 Python 3 模式。

输入图 2-18 所示的程序。

图 2-18

我们来看一下程序运行的结果。先保存程序，然后单击"运行"按钮，得到一个直径为 100 像素的蓝色圆形，我们换个颜色试试看。

把 dot() 函数和 circle() 函数对比一下，看看这两个函数有什么不同，如图 2-19 所示。

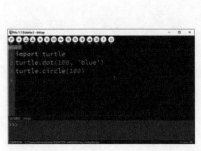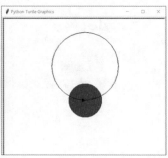

图 2-19

dot() 函数可以涂色，单独一个 circle() 函数无法涂色。

dot() 函数使用直径为参数，circle() 函数使用半径为参数。

dot()函数以当前位置为圆心画圆，circle()函数则让海龟在圆上爬行一圈。

在Python中可以使用的色彩很多，常用的颜色如图2-20所示。

认识dot( )函数
red
orange
yellow
green
blue
indigo
purple

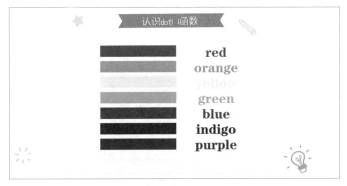

图2-20

利用dot()函数，我们可以制作一些好玩的图案，比如可以先画一个大一些的圆形，然后逐渐缩小圆形的直径，这样就能得到一组不同色彩的同心圆，如图2-21所示。

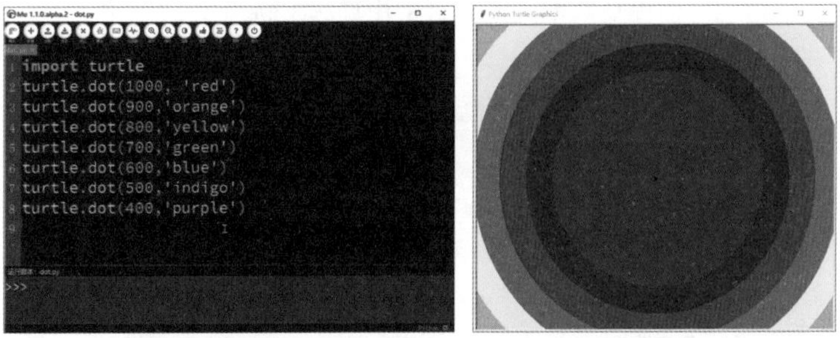

import turtle
turtle.dot(1000, 'red')
turtle.dot(900,'orange')
turtle.dot(800,'yellow')
turtle.dot(700,'green')
turtle.dot(600,'blue')
turtle.dot(500,'indigo')
turtle.dot(400,'purple')
>>>

图2-21

想想看，为什么不从小圆开始，逐渐增加直径呢？你可以试试，这样就知道答案了。

图2-22所示是一个同学绘制的图案，她巧妙地运用了色彩，实现了色彩渐变的效果。

import turtle
turtle.dot(600,'navy')
turtle.dot(500,'blue')
turtle.dot(400,'dodgerblue')
turtle.dot(300,'lightskyblue')
turtle.dot(200,'lightcyan')
turtle.dot(100,'snow')
>>>

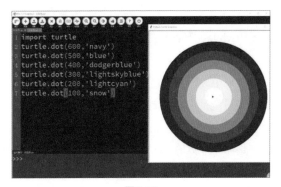

图2-22

2.3 循环语句

在 2.1 节中，我们使用 circle() 函数和 left() 函数绘制了由 6 个圆形组成的图案，如图 2-23 所示。

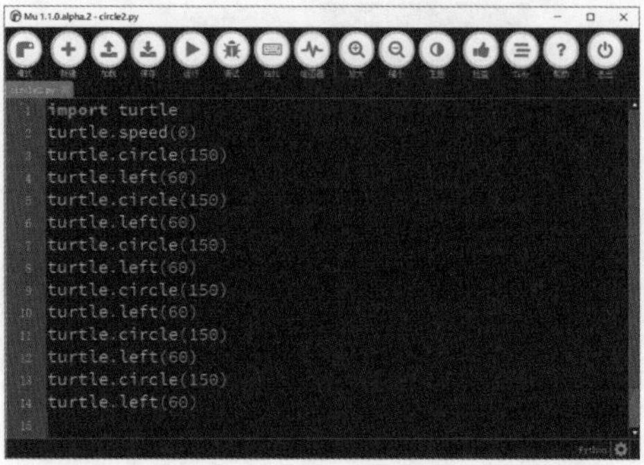

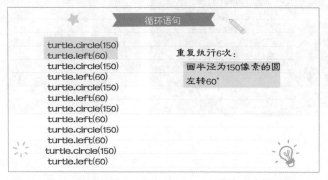

图 2-23

绘制 6 个圆形需要 6 组语句，如果绘制 30 个圆形，那么就需要使用 30 组语句，这样操作很麻烦。使用循环语句可以提高效率，图 2-24 中用算法重新描述了上面的程序。

循环语句

```
turtle.circle(150)
turtle.left(60)
turtle.circle(150)
turtle.left(60)
turtle.circle(150)
turtle.left(60)
turtle.circle(150)
turtle.left(60)
turtle.circle(150)
turtle.left(60)
turtle.circle(150)
turtle.left(60)
```

重复执行 6 次：
画半径为 150 像素的圆
左转 60°

图 2-24

两个语句是需要重复执行的循环体，这个循环体要重复执行 6 次。

Python 提供了 for 循环和 while 循环两种类型的循环结构，我们先来研究 for 循环。

2.3.1　for 循环

for 循环使用一个控制变量统计循环执行的次数，并可以控制循环的次数，就像跳绳的时候我们会安排一个人负责计数一样。

我们来看一下 for 循环是如何计数的。

for是一个关键字，后面紧跟一个变量，in是"在"的意思，range是"范围"的意思。该函数有3个参数，其中0代表起始值，6是界限值，也就是说，到比6小的数结束，1为步长值，如图2-25所示。

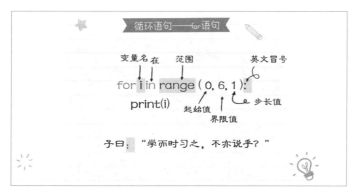

图2-25

我们来测试一下结果，打开Mu编辑器，输入图2-26所示的程序，range()函数的3个参数用逗号隔开，并且在逗号后面空一格，这是规范。

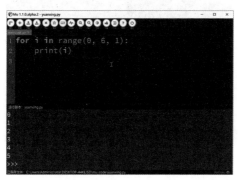

图2-26

注意：在range()函数的后面要输入一个英文冒号，这个冒号不能少，表示后面语句块的开始。这一点与语文知识很相似。例如，我们常看到这样的话：

子曰："学而时习之，不亦说乎？"

这里的冒号表示后面就是说的内容。只不过中文用的是全角冒号，编程中要用半角冒号。

按回车键后代码将自动缩进。通常用4个空格键缩进语句块中的代码行。语句块的所有语句都是统一缩进的，Python解释器就是通过缩进来识别语句块的开始和结束的。凡是缩进的都是循环体。

如果代码行缩进，那么就在循环体里面；如果代码行没有缩进，那么就不属于循环体了，而是循环语句后面的内容。

在编辑器中可以手动增加缩进：在行首按4次空格键或1次Tab键。

保存程序后单击"运行"按钮，可以看到变量 i 从0开始数到5。

注意：界限值为6，是指到比6小的数结束，不包括6。

如果我们修改起始值为1，那么将从1数到5，如图2-27所示。

图2-27

像图2-28这样，修改步长值为2，那么将从0开始，每次加2，到4结束。

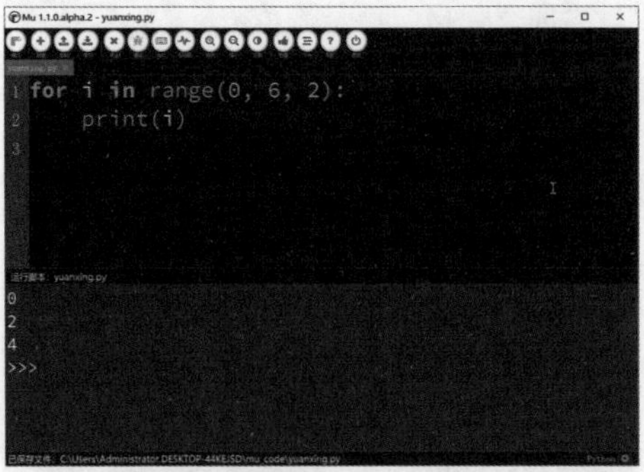

图2-28

如果需要从大到小计数，可以像图2-29这样，从6开始，到比0大的数结束，步长值为−1，也就是每次减1。

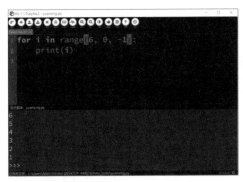

图2-29

现在我们可以把前面画圆的程序进行升级了。上面的程序用for循环可以如图2-30所示这样写：

图2-30

图2-31给出了完整的程序代码。

图2-31

当步长值为1时，可以省略不写，如range(0, 6, 1)可以简写成range(0, 6)。起始值为0时也可以省略，因此range(0, 6)又可以简写成range(6)。

有了for语句这个利器，我们可以画20个圆形的图案。重复执行20次，每次旋转18°。你能试试看画出更多的圆形吗？

有时我们能看到一种奇怪的for循环语句，如图2-32所示。

图2-32

在for循环语句中，for关键字后面一般都跟一个变量，该变量用于计数。像上面这样也是可以的，我们可以把下画线看成是一个变量，一般用在不需要使用变量值的情况下。

2.3.2 while循环

while的意思是"当……的时候"，如图2-33所示。

图2-33

while循环的语法如下。

```
while 条件表达式:
    语句块
```

如图2-34所示，在条件表达式的后面要输入一个英文冒号，这个冒号不能缺少，它表示后面语句块的开始。

按回车键后代码行将自动缩进。通常使用4个空格键缩进语句块中的代码行。实际上，只要保证循环体中的所

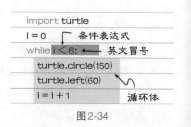

图2-34

有行都缩进了相同的数量就可以。语句块中的所有语句都是统一缩进的，Python解释器就是通过缩进来识别语句块的开始和结束的。

当while语句执行时，首先检测条件表达式。如果条件为真，则执行while语句下面的语句块；如果条件为假，则结束循环，执行语句块下面的语句。

上面画圆的语句也可以写成图2-35这样。

在上面的程序中，#号后面的内容是注释。注释是程序中解释说明性的文本，在执行的时候，Python解释器会自动忽略从#号开始到本行结束

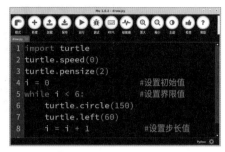

图2-35

的所有内容。注释是程序的组成部分，可以为今后修改或调试程序带来便利。大型项目往往由一个团队参与开发，注释可以让编写的程序更好地被团队成员理解。

变量i的初始值为0，while循环将检测$i < 6$的条件是否为真。如果为真，就执行后面的循环体，同时将i的值增加1，直到$i < 6$的条件变成假，这时循环结束，执行循环体后面的语句，如图2-36所示。

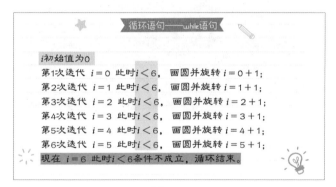

图2-36

注意：循环体必须缩进到循环内部，上面的语句中缩进的3行代码为循环体。如果写成下面的形式：

```
import turtle
i = 0
while i < 6:
    turtle.circle(150)
    turtle.right(60)
i = i + 1
```

这里的语句$i = i + 1$不在循环体内，此时循环体中i的值没有发生变化，条件表达式$i < 6$

的值一直为真，这就变成了一个无限循环语句，无限循环也叫死循环，如图2-37所示。

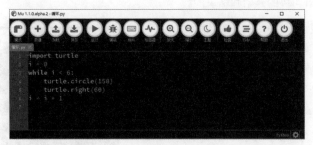

图 2-37

我们可以在调试模式中逐步观看程序的运行情况，验证自己的观点。单击上面一排按钮中的"调试"按钮，进入调试模式。单击"步进"按钮，逐步观看程序的运行结果，在右侧可以检测到变量i的值，如图2-38所示。

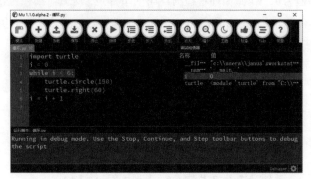

图 2-38

上面的这个错误，我们可以用下面一组漫画展示出来。

照这样数下去，永远数不到100，这就是死循环。

现在我们比较一下for循环和while循环，如图2-39所示。

```
import turtle                import turtle
i = 0                        turtle.speed(0)
while i < 6:                 turtle.pensize(2)
    turtle.circle(150)       for i in range ( 0, 6, 1):
    turtle.right(60)             turtle.circle(150)
    i = i + 1                    turtle.right(60)
```

图 2-39

上面的两段程序实现了同样的功能，实际上这两个程序之间存在着一定的联系，我们用相同颜色的色块表示出它们之间的联系。棕色的表示起始值，蓝色的表示界限值，红色的是步长值，绿色色块是循环体。

```
i = 0
while i < 6:
    print(i)
    i = i + 0.1
```

图 2-40

这两种循环语句，for语句简单易用，而while语句功能更强大。如for循环中增加或减少的量只能是整数，while循环可以是小数，如图2-40所示。

2.4 色彩的使用

我们可以使用turtle.bgcolor（颜色值）来设置画图窗口的背景色。bgcolor是"背景色"的意思，我们常常听bgm，它是background music的缩写，同样bgcolor是background color的缩写。这样理解单词的意思，记忆起来效果更好，如图2-41所示。

其中参数为颜色名的字符串，如设置背景色为紫色，可以这样编写程序：turtle.bgcolor ('purple')。

图2-41

常用的颜色名有 'red'（红）、'orange'（橙）、'yellow'（黄）、'green'（绿）、'blue'（蓝）、'cyan'（青）、'purple'（紫）和 'deep pink'（深粉红）等。

如果你接着往后看，可以看到有更多的色彩可供选择。颜色字符串不区分大小写，中间可以有空格也可以没有空格。以 'hot pink' 颜色为例，'hot pink' 'hotpink' 'Hot Pink' 和 'HotPink' 都是可以的。

函数 turtle.pencolor（颜色值）用于设置画笔颜色，函数 turtle.fillcolor（颜色值）需要配合 turtle.begin_fill() 和 turtle.end_fill() 使用。在开始填色之前执行 turtle.begin_fill() 函数，填色完成后执行 turtle.end_fill() 函数，如图2-42所示。

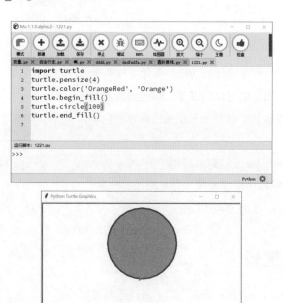

图2-42

函数 turtle.color（画笔颜色，填充色）可以同时设置画笔颜色和填充色，如果画笔颜色和填充颜色都是紫色，可以写成 turtle.color('purple', 'purple')，也可以简写成 turtle.color ('purple')，如图 2-43 所示。

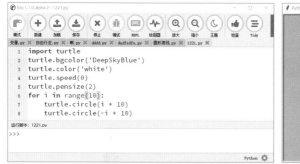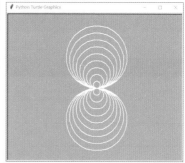

图 2-43

图 2-44 中提供了更多的色彩，供大家选择。

红色	绿色	蓝色	紫色
IndianRed	GreenYellow	Aqua	Lavender
LightCoral	Chartreuse	Cyan	Thistle
Salmon	LawnGreen	LightCyan	Plum
DarkSalmon	Lime	PaleTurquoise	Violet
LightSalmon	LimeGreen	Aquamarine	Orchid
Crimson	PaleGreen	Turquoise	Fuchsia
Red	LightGreen	MediumTurquoise	Magenta
FireBrick	MediumSpringGreen	DarkTurquoise	MediumOrchid
DarkRed	SpringGreen	CadetBlue	BlueViolet
Pink	MediumSeaGreen	SteelBlue	DarkViolet
LightPink	SeaGreen	LightSteelBlue	DarkOrchid
HotPink	ForestGreen	PowderBlue	DarkMagenta
DeepPink	Green	LightBlue	Purple
MediumVioletRed	DarkGreen	SkyBlue	Indigo
PaleVioletRed	YellowGreen	LightSkyBlue	SlateBlue
	OliveDrab	DeepSkyBlue	DarkSlateBlue
橙黄	Olive	DodgerBlue	MediumSlateBlue
LightSalmon	DarkOliveGreen	CornflowerBlue	
Coral	MediumAquamarine	MediumSlateBlue	棕色
Tomato	DarkSeaGreen	RoyalBlue	Cornsilk
OrangeRed	LightSeaGreen	MediumBlue	BlanchedAlmond
DarkOrange	DarkCyan	DarkBlue	Bisque
Orange	Teal	Navy	NavajoWhite
Gold		MidnightBlue	Wheat
Yellow	灰色		BurlyWood
LightYellow	Gainsboro	白色	Tan
LemonChiffon	LightGrey	Snow	RosyBrown
LightGoldenrodYellow	Silver	Honeydew	SandyBrown
PapayaWhip	DarkGray	MintCream	Goldenrod
Moccasin	Gray	Azure	DarkGoldenrod
PeachPuff	DimGray	AliceBlue	Peru
PaleGoldenrod	LightSlateGray	GhostWhite	Chocolate
Khaki	SlateGray	WhiteSmoke	SaddleBrown
DarkKhaki	Black	Seashell	Sienna
		Beige	Brown

图 2-44

2.5 改变海龟形状

使用shape()函数可以改变海龟的造型。表2-2列出了所有形状参数,可以将海龟的形状改成三角形、正方形、圆形、箭头等形状,默认使用的是classic模式。

表2-2 海龟可供选择的形状

参数	形状
'turtle'	✸
'triangle'	▶
'square'	■
'circle'	●
'arrow'	▶
'classic'	➤

例如,修改海龟造型为'turtle',可以使用turtle.shape('turtle')语句。

```
>>>import turtle
>>>turtle.color('gray','coral')
>>>turtle.shape('turtle')
```

我们还可以使用shape size()函数设置海龟的大小,语法如下:

```
turtle. shape size(stretch_wid=None, stretch_len=None, outline=None)
```

这里使用了以下3个参数。

- stretch_wid:海龟宽度缩放比例,默认值为1。
- stretch_len:海龟长度缩放比例,默认值为1。
- outline:海龟轮廓线缩放比例,默认值为1。

在使用时,如果没有给出任何参数,turtle.shapesize()将获取当前的海龟尺寸。

```
>>> turtle.shapesize()
(1.0, 1.0, 1)
>>> turtle.shapesize(3, 3, 5)
```

```
>>> turtle.shapesize()
(3, 3, 5)
>>> turtle.shapesize(outline=2)
>>> turtle.shapesize()
```

```
(3, 3, 2)
```

实际上这些形状都是在turtle.py文件中预先定义好的，如图2-45所示。

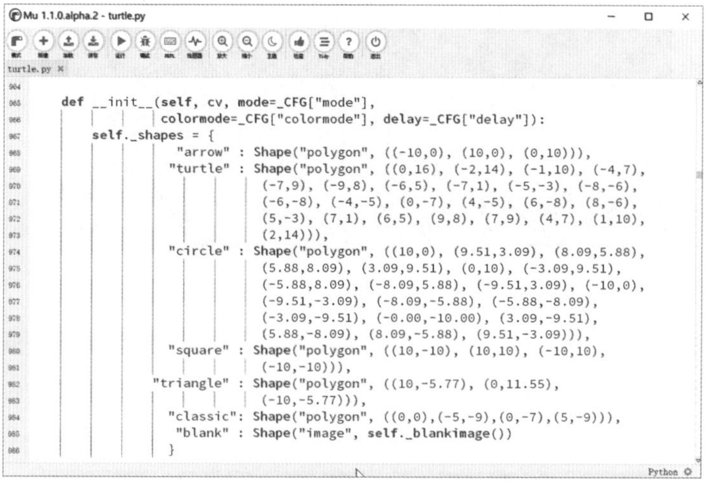

图2-45

我们可以自己定义形状作为海龟的形状，还可以使用GIF图片作为海龟的形状。

2.6 查找错误

在编写程序的过程中会出现各种各样的错误，我们要学会根据提示信息找到错误所在的地方。如图2-46所示，根据窗口下方的提示，错误出在line 2，也就是第2行，错误类型是名字错误，turtle这个名字没有定义，我们需要在程序的开始引用turtle模块，不然解释器都不认识这些指令。

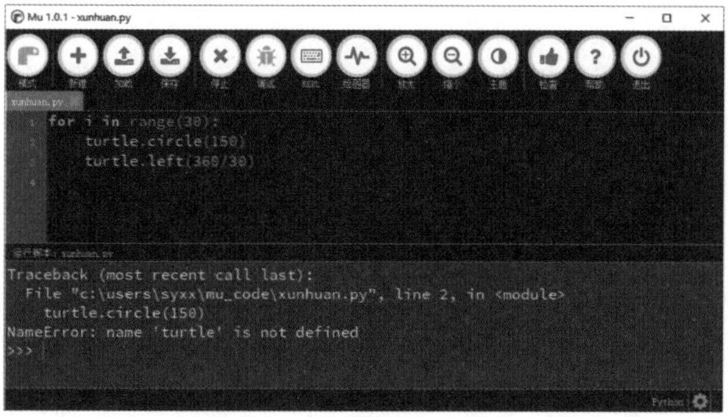

图2-46

如图2-47所示，根据窗口下方的提示，错误出在第2行，出错点指向range()函数后面，错误类型是语法错误，需要在此处输入半角冒号。

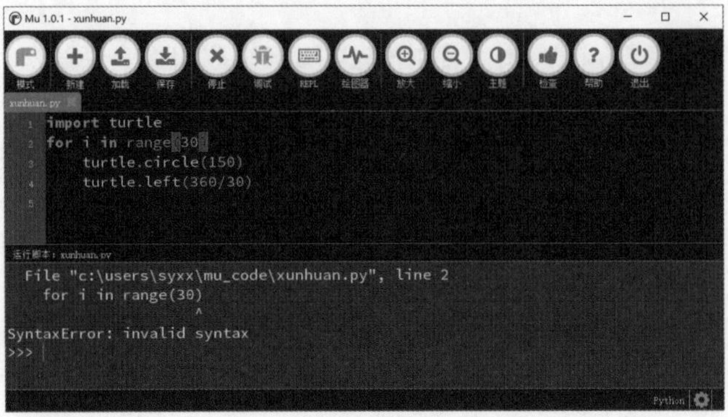

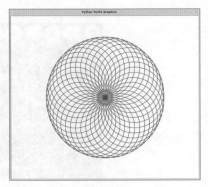

图2-47

如图2-48所示，根据窗口下方的提示，错误出在第3行，出错点指向circle()函数后面的括号，错误类型是语法错误。括号的颜色应为紫色，此处为白色，说明我们输入了全角括号。

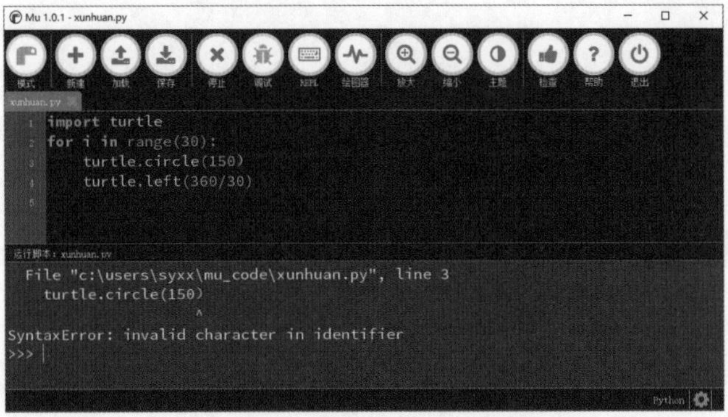

图2-48

探究学习

图2-49所示是由36个圆形组成的图案，请利用circle()函数绘制这个图形。

图2-49

2.7　循环语句案例

我们以前常常玩图2-50所示的一个小游戏。

图2-50

下面我们尝试使用循环语句来编写青蛙儿歌，利用print()函数的多个参数，输出完整的儿歌，如图2-51所示。我们先来分析一下这组数据的规律。

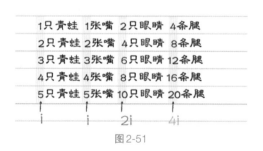

图2-51

嘴巴的张数与青蛙的只数是一样的，眼睛的只数是青蛙只数的2倍，腿的条数是青蛙只数的4倍。如果把青蛙的只数用i表示，那么嘴巴的张数也是i，眼睛的只数是$2i$，腿的条数是$4i$。

我们试着来编写程序：

```
for i in range(1,100):
    print(i,'只青蛙', i,'张嘴', 2 * i,'只眼睛', 4 * i,'条腿', sep = '')
```

刚才我们使用print()打印出多个参数，这种形式效率比较差，可以换个形式（见图2-52）：

```
for i in range(1,100):
    print(f'{i}只青蛙{i}张嘴{i * 2}只眼睛{i * 4}条腿')
```

图2-52

在print()语句中对字符串进行了格式化设置。字符串前面加f表示格式化字符串。f是format的缩写，format的意思是"格式"（见图2-53）。

图2-53

花括号是占位符，里面是变量名或表达式。在程序运行时包含在花括号里的变量或表达式会被变量或表达式的值代替，程序执行效果如图2-54所示。

format格式还能够指定每个数字占位多少，保留几位小数，还能够设置对齐方式等，关于format格式的详细使用说明，可以参见后面章节的介绍。

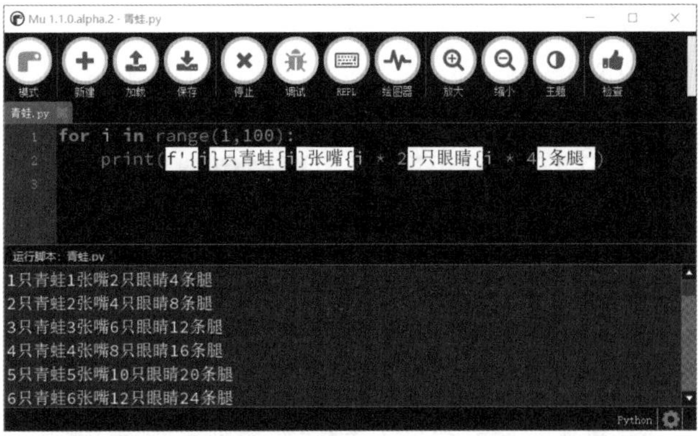

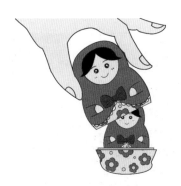

图2-54

2.8　循环语句的嵌套

在一个循环体语句中又包含另一个循环语句，称为循环嵌套。这一点与俄罗斯套娃相像，里面是小娃娃，外面可以套大一点的娃娃。

实践学习

要打印出下面的乘法口诀表，就需要使用循环语句的嵌套，如图2-55所示。

每行是一个内循环

1*1=1	2*1=2	3*1=3	4*1=4	5*1=5	6*1=6	7*1=7	8*1=8	9*1=9
1*2=2	2*2=4	3*2=6	4*2=8	5*2=10	6*2=12	7*2=14	8*2=16	9*2=18
1*3=3	2*3=6	3*3=9	4*3=12	5*3=15	6*3=18	7*3=21	8*3=24	9*3=27
1*4=4	2*4=8	3*4=12	4*4=16	5*4=20	6*4=24	7*4=28	8*4=32	9*4=36
1*5=5	2*5=10	3*5=15	4*5=20	5*5=25	6*5=30	7*5=35	8*5=40	9*5=45
1*6=6	2*6=12	3*6=18	4*6=24	5*6=30	6*6=36	7*6=42	8*6=48	9*6=54
1*7=7	2*7=14	3*7=21	4*7=28	5*7=35	6*7=42	7*7=49	8*7=56	9*7=63
1*8=8	2*8=16	3*8=24	4*8=32	5*8=40	6*8=48	7*8=56	8*8=64	9*8=72
1*9=9	2*9=18	3*9=27	4*9=36	5*9=45	6*9=54	7*9=63	8*9=72	9*9=81

外循环a从1增加到9

图2-55

我们先来研究第1行的编写方法，在第1行中，a都是1，b从1循环到9，这个程序可以这样编写，如图2-56所示。

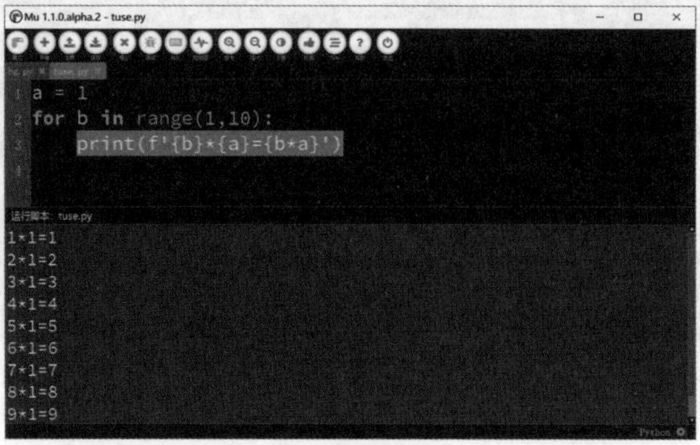

图2-56

算式倒是出来了，可是都是竖着排的，怎么办呢？

这是因为print()语句会自动在后面增加一个回车结束符，这样就会自动换行。我们可以在语句中加一个参数，将结束符设置为空格，如图2-57所示。

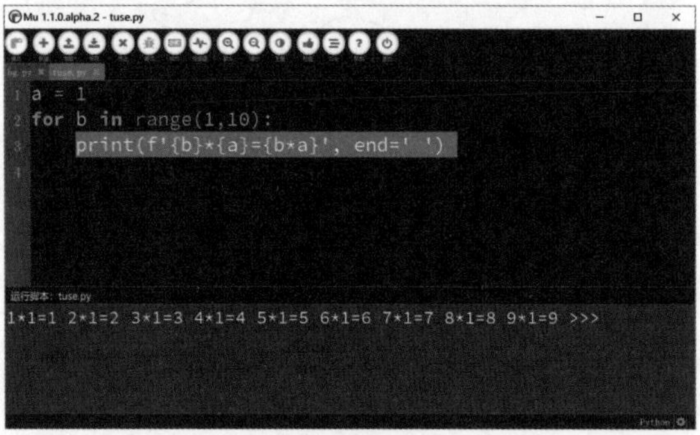

图2-57

如果要输出第2行的算式，我们需要类似的代码，只需要将a修改为2就可以了。现在我们来测试一下，发现出了一点问题，如图2-58所示。

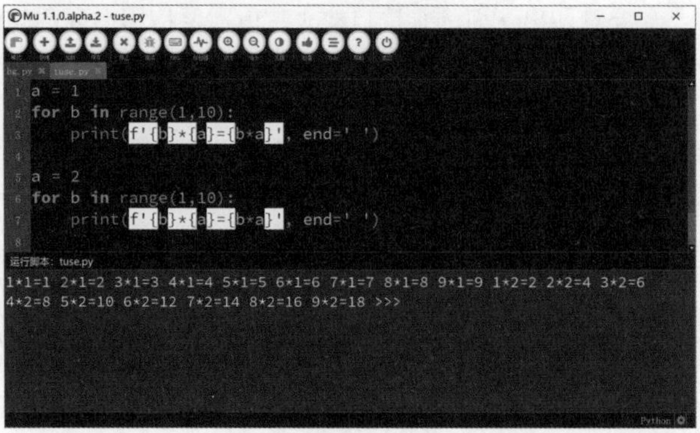

图2-58

所有算式都排在一行了，我们需要在第1行结束后，追加一个回车键，换行后，继续输出第2行的算式，如图2-59所示。

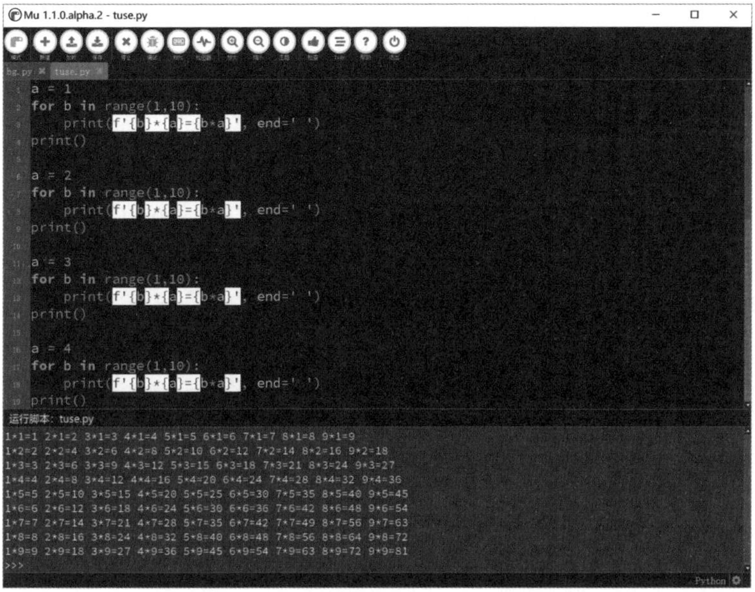

图2-59

这个代码很长，我们来优化一下，这里*b*都是从1循环到9，而*a*也是从1迭代到9，如图2-60所示。所以，我们可以将*a*作为外循环，*b*作为内循环。算法如图2-61所示。

外循环变量*a*从1增加到9：
　内循环变量*b*从1增加到9：
　　打印*b***a*的算式和结果，结束符为空格
　换行打印

图2-60

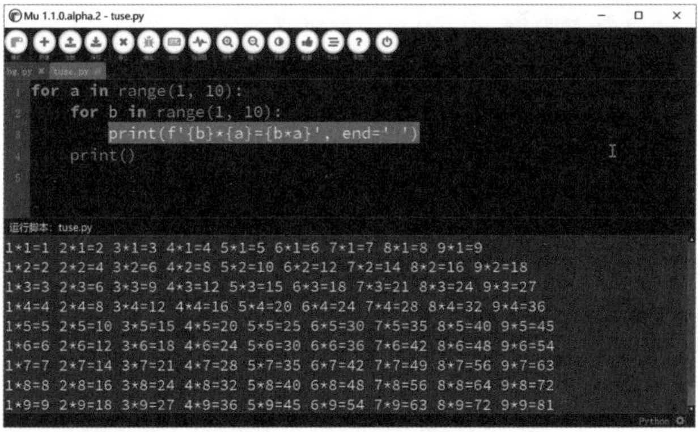

图2-61

看起来很不错，不过还可以再修改一下，上面的算式没有对齐，这是因为前几行结果都是一位数，后几行结果都是两位数。我们可以让每个算式都占位6格，左对齐，这样后面如

果不足6格将使用空格占位。这就需要使用ljust()方法了，如图2-62所示。

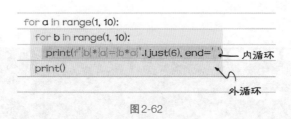

图 2-62

ljust()方法用于设置对齐方式。方法和函数非常类似，在Python中，字符串、数字都是对象，方法可以看作是对象所使用的函数。方法只能由对象调用，调用对象方法的语法是"对象名.方法名(参数)"，如图2-63所示。

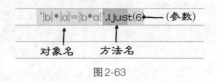

图 2-63

字符串常见的方法如表2-3所列。

表2-3　字符串常见的方法

方法	描述
center（宽度）	返回在指定宽度居中的字符串
ljust（宽度）	返回在指定宽度左对齐的字符串
rjust（宽度）	返回在指定宽度右对齐的字符串
format(items)	格式化一个字符串
capitalize()	将字符串的第一个字符转换为大写
lower()	转换字符串中所有大写字符为小写
title()	返回"标题化"的字符串，也就是说，所有单词首字母大写
upper()	转换字符串中的小写字母为大写

在IDLE的交互模式中进行下面的实验：

```
>>> s= '美美与共'
>>> s1 = s.center(10)
>>> s1
'   美美与共   '
>>> s1 = s.ljust(10)
>>> s1
'美美与共       '
```

```
>>> s1 = s.rjust(10)
>>> s1
'      美美与共'
```

s1 = s.center(10)将字符串 s 放在占位 10 个字符的字符串中央，s1 = s.ljust(10)将字符串 s 放在占位 10 个字符的字符串左端，s1 = s.rjust(10) 将字符串 s 放在占位 10 个字符的字符串右端。

探究学习

打印出图 2-64 所示的口诀表。

```
1*1=1
1*2=2   2*2=4
1*3=3   2*3=6   3*3=9
1*4=4   2*4=8   3*4=12  4*4=16
1*5=5   2*5=10  3*5=15  4*5=20  5*5=25
1*6=6   2*6=12  3*6=18  4*6=24  5*6=30  6*6=36
1*7=7   2*7=14  3*7=21  4*7=28  5*7=35  6*7=42  7*7=49
1*8=8   2*8=16  3*8=24  4*8=32  5*8=40  6*8=48  7*8=56  8*8=64
1*9=9   2*9=18  3*9=27  4*9=36  5*9=45  6*9=54  7*9=63  8*9=72  9*9=81
```

图 2-64

我们来分析一下口诀表，其思路如图 2-65 所示。

b									
↓ ┌ *a*									
1*1=1					外循环 *a*=1，内循环 *b* 为 1;				
1*2=2	2*2=4				外循环 *a*=2，内循环 *b* 为 1、2;				
1*3=3	2*3=6	3*3=9			外循环 *a*=3，内循环 *b* 为 1、2、3;				
1*4=4	2*4=8	3*4=12	4*4=16		外循环 *a*=4，内循环 *b* 为 1、2、3、4。				
1*5=5	2*5=10	3*5=15	4*5=20	5*5=25					
1*6=6	2*6=12	3*6=18	4*6=24	5*6=30	6*6=36				
1*7=7	2*7=14	3*7=21	4*7=28	5*7=35	6*7=42	7*7=49			
1*8=8	2*8=16	3*8=24	4*8=32	5*8=40	6*8=48	7*8=56	8*8=64		
1*9=9	2*9=18	3*9=27	4*9=36	5*9=45	6*9=54	7*9=63	8*9=72	9*9=81	

图 2-65

由此可见，内循环b的取值范围是：从1开始，到不超过a的数结束。程序运行结果如图2-66所示。

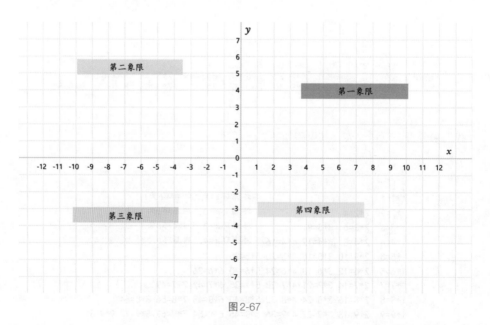

图2-66

2.9 坐标

利用坐标可以绘制出更有意思的作品，我们首先来了解一下坐标的相关知识，这些数学知识是我们绘制图案的基础，如图2-67所示。

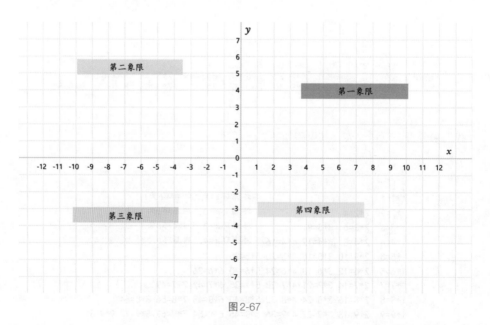

图2-67

在图2-67中，水平的直线是x轴，垂直的直线是y轴，两条直线将平面分成了4个部分，分别是第一象限、第二象限、第三象限、第四象限。

物体的水平位置用 x 坐标表示，竖直位置用 y 坐标表示。x 坐标和 y 坐标可以组成一组数对，如字母 A 的坐标为（10, 5），苹果的坐标为（-3, 3），三角板的坐标为（-4, -4），灯泡的坐标为（3, -6），如图 2-68 所示。

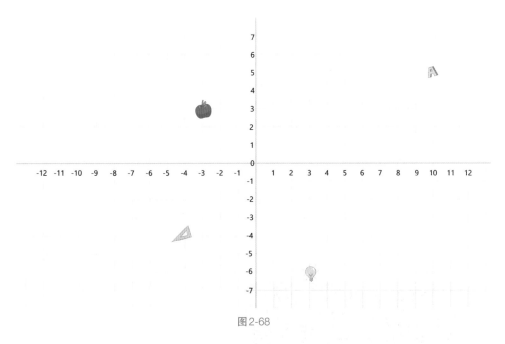

图 2-68

表 2-4 列出了部分跟坐标相关的函数。

表 2-4　部分跟坐标相关的函数

函数	描述
goto(0, 0) setposition(0, 0)	移动海龟到坐标（0, 0）处
setx(2)	设置海龟的 x 坐标为 2
sety(200)	设置海龟的 y 坐标为 200
setheading(90)	设置海龟面朝 90° 方向，0° 朝东，90° 朝北，180° 朝西，270° 朝南

利用 goto() 函数可以画出图形，如图 2-69 所示，我们分别走到这 4 个点，形成一个长方形。程序如图 2-70 所示。

为什么这里多了一条斜线呢？这是因为海龟的初始位置为（0, 0），从这个位置走到 A 点也会画出一条线，解决这个问题的方法是海龟开始行走的时候提起笔，提起笔后海龟行走不会画线，到达 A 点后再落笔。改进后的程序如图 2-71 所示。

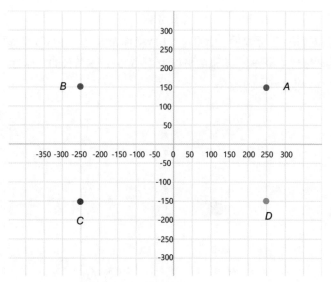

图 2-69

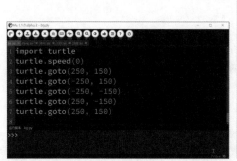

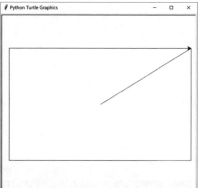

图 2-70

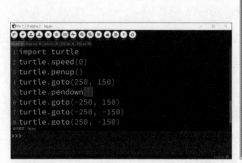

图 2-71

图2-72~图2-74列出了3个图案，选择其中的一个图案，利用goto()函数设计出来吧。

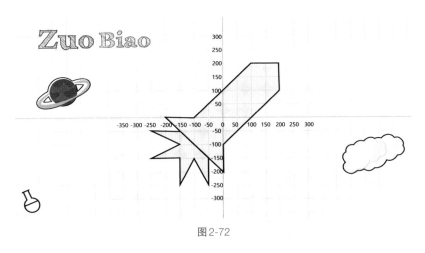

图2-72

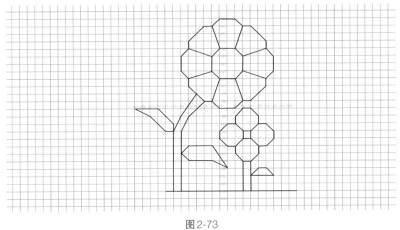

图2-73

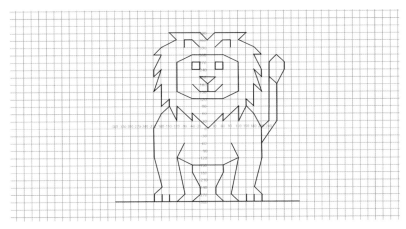

图2-74

2.10　利用循环嵌套设计图案

利用循环语句，我们可以设计出美丽的几何图案，如图2-75所示。

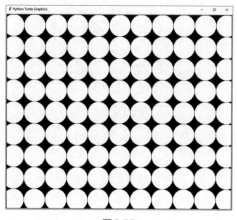

图2-75

现在我们来分析一下算法，在上面的图形中，使用dot()函数画圆形，关键在于确定圆形的圆心坐标。画图窗口的大小为800像素×800像素，我们设计圆形的直径为80像素。每行的 x 坐标从−400变化到400，每次增加80像素。从上往下，y 坐标的变化范围是400到−400，每次减少80像素。

```python
import turtle
turtle.speed(0)
turtle.bgcolor('black')
turtle.color('white')
for y in range(400, -401, -80):
    for x in range(-400, 401, 80):
        turtle.penup()
        turtle.goto(x, y)
        turtle.pendown()
        turtle.dot(80)
```

下面我们增加一些色彩，如图2-76所示，设置背景色为绿黄色，设置圆形的颜色为绿色，将这两行代码加入正确的位置就可以了。

```python
turtle.bgcolor('greenyellow')
turtle.color('green')
```

后面研究了colorsys模块，我们还能够设计出更炫的色彩，图2-77和图2-78所示是两种不同色彩的设置效果。

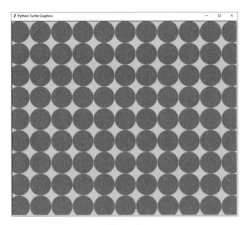

图 2-76

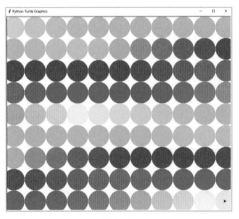

图 2-77

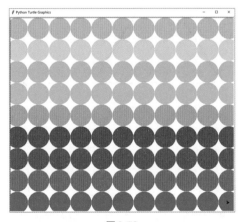

图 2-78

第 3 章

自定义函数

通过circle()函数可以绘制圆形，该函数预先在turtle.py文件中定义好了。如果要绘制三角形、四边形、五边形等图形，需要自己定义相关的函数。本章将研究正三角形的绘制方法，然后尝试定义一个绘制三角形的函数。

学习目标
- 掌握函数的定义和调用方法。
- 熟练掌握坐标的知识。

3.1　定义正三角形函数

使用下面的语句可以绘制一个正三角形，如图3-1所示。

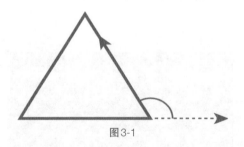

图3-1

```
import turtle
for i in range(3):
    turtle.forward(150)
    turtle.left(120)
```

这里的120°是正三角形的外角，海龟旋转的角度是原前进方向与现在方向之间的夹角。

使用上面的代码能绘制正三角形，下面我们建立一个绘制正三角形的函数。函数是一段具有特定功能的、可重用的语句组。函数可以用来减少冗余的代码，并提高代码的可读性。

定义函数的语法如下：

```
def 函数名(参数):
    函数体
```

函数的定义以def关键字开头，后面紧跟着函数名及参数，并以冒号结束。这里的参数类似一个占位符，如图3-2所示。

```
import turtle
def triangle(a):
    for i in range(3):
        turtle.forward(a)
        turtle.left(120)
```

图3-2

函数定义完毕后，就可以直接调用函数画正三角形了，比如输入triangle(200)就能绘制一个边长200像素的正三角形。

Python命名规则：函数名的命名规则与变量名类似，函数名一律小写，如有多个单词，用下划线隔开。

3.2 默认参数与RGB色彩

在Python中可以定义带默认参数值的函数，如果在调用函数的时候没有给出参数，那么就使用默认值作为参数。下面分别定义绘制正方形、正五边形和正六边形的函数，如图3-3所示。

图3-3

```
import turtle
def square(a=100):
    for i in range(4):
        turtle.forward(a)
        turtle.left(90)
```

square() 函数有一个参数 a，默认值为 100。如果输入 square(200)，则绘制一个边长为 200 像素的正方形。如果直接输入 square()，则绘制一个边长为 100 像素的正方形。

Python 代码规范：在函数的参数列表中，默认值等号两边不要添加空格。

因为凸多边形的外角和为 360°，因此可以根据这个规律，求出每个正多边形的外角。这样我们可以定义一个带两个参数的函数：一个参数是边数，另一个参数是边长。

```
import turtle
def polygon(n, a=100):
    for i in range(n):
        turtle.forward(a)
        turtle.left(360 / n)
polygon(4, 200)
polygon(5)
```

这个函数有两个参数，n 为多边形的边数，这是一个非默认值参数，a 是边长，默认值为 100。

注意：在定义的函数中，可以同时有非默认值参数和默认值参数，非默认值参数要定义在默认值参数之前。

利用这个定义好的函数，我们可以绘制出美丽的几何图案，如图 3-4 所示。

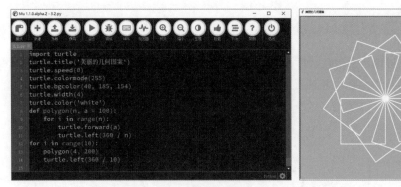

图 3-4

在这个例子中，使用了一种新的描述色彩的方法；即使用三原色来合成颜色，这样可使用的颜色值更多。

红（Red）、绿（Green）、蓝（Blue）3种颜色是光的三原色，红、绿、蓝三原色的色光以不同的比例相加，可以产生多种多样的色光，如图3-5所示。

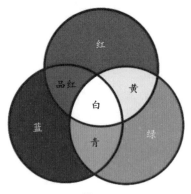

图3-5

Python中有两种色彩模式：colormode(1)使用0~1的小数来描述RGB的值，默认情况下使用这种模式；colormode(255)使用0~255的整数来描述RGB的值。下面，我们来研究这种模式的使用。

（255, 0, 0）为红色，其中R的值为255，G和B的值都是0，因此显示为红色;（0, 255, 0）为绿色，其中R的值为0，G的值为255，B的值为0;（255, 255, 0）为黄色，其中R和G的值为255，B的值为0。图3-6列出了其中一种色板的RGB颜色值供大家参考。

RGB(239, 87, 119)	RGB(87, 95, 207)	RGB(75, 207, 250)	RGB(52, 231, 228)	RGB(11, 232, 129)
RGB(245, 59, 87)	RGB(60, 64, 198)	RGB(15, 188, 249)	RGB(0, 216, 214)	RGB(5, 196, 107)
RGB(255, 192, 72)	RGB(255, 221, 89)	RGB(255, 94, 87)	RGB(210, 218, 226)	RGB(72, 84, 96)
RGB(255, 168, 1)	RGB(255, 211, 42)	RGB(255, 63, 52)	RGB(128, 142, 155)	RGB(30, 39, 46)

图3-6

探究学习

绘制图3-7所示的图形。

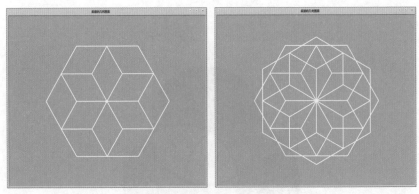

图 3-7

3.3 关键字参数

现在我们来定义可指定中心点的画圆函数和画长方形函数，如图 3-8 所示。下面的程序中定义了 draw_rec() 函数和 draw_circle() 函数。

```
import turtle

def draw_rec(x = 0, y = 0, width = 10, height = 10):
    turtle.penup()
    turtle.goto(x - width / 2, y + height / 2)
    turtle.pendown()
    for i in range(2):
        turtle.forward(width)
        turtle.right(90)
        turtle.forward(height)
        turtle.right(90)
def draw_circle(x = 0, y = 0, radius = 10):
    turtle.penup()
    turtle.goto(x, y - radius)
    turtle.pendown()
    turtle.circle(radius)
```

上面我们定义了两个函数，在绘图的时候就可以直接调用这两个函数了。比如，输入 draw_rec(0, 0, 40, 30) 就能在坐标（0，0）处绘制一个长为 40 像素、宽为 30 像素的长方形。这 4 个参数的位置不能弄错。我们还可以在调用函数的同时给出参数名和参数值，上面的程序可以修改成如下形式：

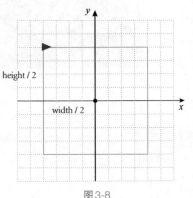

图 3-8

```
draw_rec(x = 0, y = 0, width = 40, height = 30)
```

使用这种方式编写的参数就是关键字参数。通过这种方式传递参数，可读性更好，同时参数的顺序可以有变化，如下面这样：

```
draw_rec(y = 0, x = 0, height = 30, width = 40)
```

下面就可以利用这些定义好的函数，绘制一些有趣的图案，如图3-9所示。

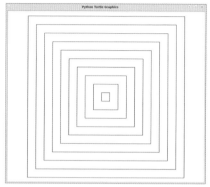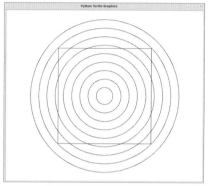

图3-9

实践学习

结合坐标和循环嵌套的知识，我们能设计出图3-10所示的视觉错觉图。在图3-10中，你看到的是黑点还是白点呢？

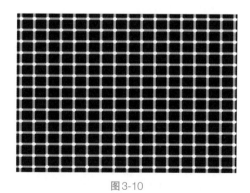

图3-10

程序代码如下。

```
import turtle

turtle.colormode(255)
turtle.title('错觉图')
```

```
turtle.tracer(0)
turtle.hideturtle()
turtle.speed(0)
turtle.bgcolor('black')
turtle.pensize(10)
turtle.color(150, 150, 150)

for x in range(-502, 500, 50):
    turtle.penup()
    turtle.goto(x, -500)
    turtle.pendown()
    turtle. setheading (90)
    turtle.forward(1000)

for y in range(-502, 500, 50):
    turtle. penup()
    turtle.goto(-500, y)
    turtle. pendown()
    turtle.seth(0)
    turtle. forward (1000)
turtle. penup()
for x in range(-502, 500, 50):
    for y in range(-502, 500, 50):
        turtle.goto(x, y)
        turtle.dot(16, 'white')
```

3.4 定义有返回值的函数

有些函数能返回值，如max()函数，输入max(1, 2, 7)将返回这组数中最大的数7，我们可以将这个返回值赋给一个变量，如图3-11所示。

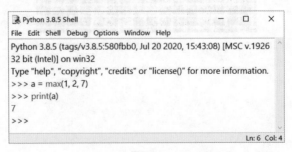

图3-11

要编写有返回值的函数必须用一个return语句。比如，我们编写一个计算三角形面积的函数：

```
def areaTriangle(a, h):
    s = a * h / 2
    return s
```

此函数的目的在于接收两个整数作为参数并返回三角形的面积。下面我们来研究一下这个函数是如何工作的。函数块中的第一行计算出三角形的面积，并赋给变量 s，接下来执行return语句，这导致函数执行结束，并返回 s 的值到调用该函数的程序部分。

我们可以对上面定义的函数进行简化，因为return语句可以返回一个表达式的值，这样可以把上面的函数重写为如下形式：

```
def areaTriangle(a, h):
    return a * h / 2
```

这样就少使用了一个变量，直接返回表达式的值。完整的使用方法如图3-12所示。

图3-12

3.5 屏幕尺寸和画布大小

一、窗口大小和位置
绘图窗口的大小和位置可以使用setup()函数进行设置，方法如下：

```
turtle.setup(width=_CFG["width"],height=_CFG["height"],startx=_CFG
["leftright"], starty=_CFG["topbottom"])
```

参数解释如下。

- width：如果参数是整数，那么该数值是窗口宽度的像素数；如果参数是小数，那么
  该数值就是窗口占据屏幕宽度的比例，默认值为40%。
- height：如果参数是整数，那么该数值是窗口高度的像素数；如果参数是小数，那么
  该数值就是窗口占据屏幕高度的比例，默认值为60%。
- startx：如果参数为正值，则为窗口距离屏幕左侧的距离；如果参数为负值，则为窗
  口距离屏幕右侧的距离；如果保持默认，则窗口水平居于屏幕中央。
- starty：如果参数为正值，则为窗口距离屏幕顶部的距离；如果参数为负值，则为窗
  口距离屏幕底部的距离；如果保持默认，则窗口居于屏幕垂直中间的位置。

编写如下程序：

```
>>>import turtle
>>> turtle.setup (width=800, height=400, startx=0, starty=0)
```

该程序设置窗口大小为800像素×400像素，位于屏幕左上角，如图3-13所示。

编写如下程序：

```
>>> turtle.setup (width=800, height=400)
```

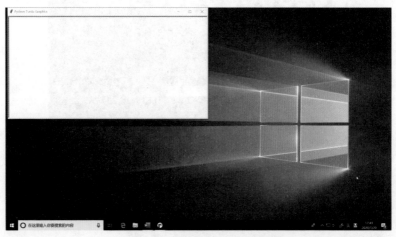

图3-13

该程序设置窗口大小为800像素×400像素，位于屏幕垂直和水平中央位置，如图3-14
所示。

编写如下程序：

```
>>> turtle.setup(width=0.75, height=0.5, startx=-100, starty=None)
```

该程序设置窗口宽度为屏幕宽度的75%，窗口高度为屏幕高度的50%，startx=-100表示
窗口距离屏幕右侧边缘100像素，starty=None表示竖直位于屏幕中央，如图3-15所示。

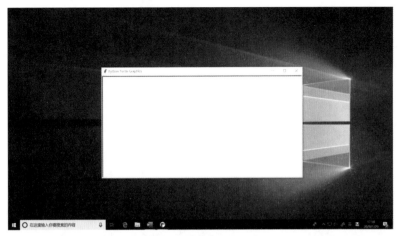

图3-14

图3-15

如果不设置窗口大小，那么默认宽度为屏幕宽度的40%，默认高度为屏幕高度的60%。如果当前屏幕分辨率为1920像素×1080像素，我们来试试输出默认窗口的大小。

```
>>>import turtle
>>>print(turtle.window_width())
>>>768
>>>768 / 1920
>>>0.4

>>>print(turtle.window_height())
>>>648
>>>648 / 1080
```

```
>>>0.6
```

二、画布大小

设置画布大小的方法如下：

```
turtle.screensize(canvwidth=None, canvheight=None, bg=None)
```

参数解释如下。

- canvwidth：画布的宽度，必须为正数。
- canvheight：画布的高度，必须为正数。
- bg：颜色的字符串或通过元组设置颜色，设置画布的背景色。

如果没有给出参数，则返回当前画布的宽度和高度。设置画布大小不会改变窗口的大小，如果画布大小超过窗口大小，则会显示滚动条，如图3-16所示。

```
>>> import turtle
>>> turtle.setup (width=800, height=400, startx=0, starty=0)
>>> turtle.screensize(2000,1500)
```

图 3-16

通常情况下无须设置画布，直接使用默认值进行绘图即可。

3.6　利用自定义坐标系设计棋盘图案

本节利用嵌套循环和自定义坐标系来设计一个棋盘图案，效果如图3-17所示。通过这个案例，我们将进一步熟悉嵌套循环的使用方法，并掌握turtle模块中自定义坐标系的方法。

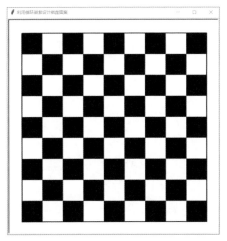

图 3-17

使用setworldcoordinates()方法可以创建自定义坐标系，这样可以减少运算量，给图形设计带来方便。比如，setworldcoordinates(0, 0, 10, 10)设置屏幕的左下角坐标为（0, 0），右上角坐标为（10, 10），如图3-18所示。这样无论窗口大小设置为多少，长度和宽度都是10个单位。

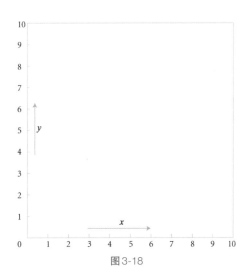

图 3-18

下面我们定义一个画正方形的函数，该函数将以给定的坐标为中心画正方形。

```
def draw_square(x, y, size, c):
    turtle.up()
    turtle.goto(x - size / 2,y - size / 2)
    turtle.seth(0)
    turtle.color(c)
```

```
turtle.begin_fill()
for _ in range(4):
    turtle.fd(size)
    turtle.left(90)
turtle.end_fill()
```

观察棋盘可以发现，第1行、第3行、第5行、第7行和第9行形状完全一样，如图3-19所示。其余偶数行也完全一样。我们首先来研究奇数行的画法。画图的时候，从（1,1）处开始，绘制一个1个单位的正方形，然后向右绘制一行，接着依次往上绘制其余行。

现在我们一起来分析一下算法。

外循环使用y变量控制，y取值为1、3、5、7、9，内循环使用x变量控制，x的取值也是1、3、5、7、9。当y取1时，内循环将迭代5次，依次取值1、3、5、7、9，这样将在（1,1）（3,1）（5,1）（7,1）

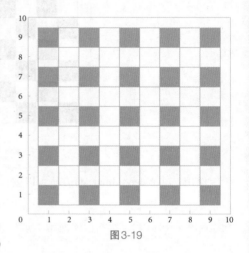
图3-19

（9,1）位置绘制正方形，完成第1行的绘制，如图3-20左图所示。转换成程序如下：

```
for y in range(1, 10, 2):
    for x in range(1, 10, 2):
        draw_square(x, y, 1, 'black')
```

内循环迭代完毕后，外循环y的值变为3，继续进行第二轮迭代，如图3-20右图所示。

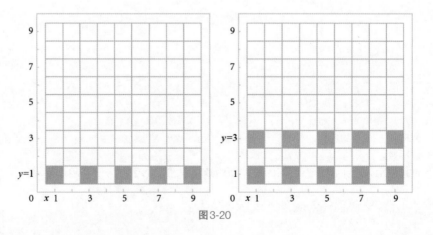
图3-20

这样第一个嵌套循环完成效果如图3-21所示。下面我们开始利用第二个嵌套循环完成偶数行的绘制。

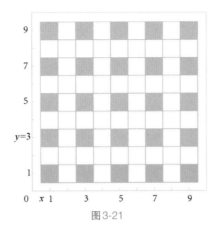

图 3-21

偶数行 y 从 2 开始，依次递增为 4、6、8、10，内循环 x 变量也是从 2 开始，依次递增为 4、6、8、10，最终效果如图 3-22 右图所示。

```
for y in range(2, 10, 2):
    for x in range(2, 10, 2):
        draw_square(x, y, 1, 'black')
```

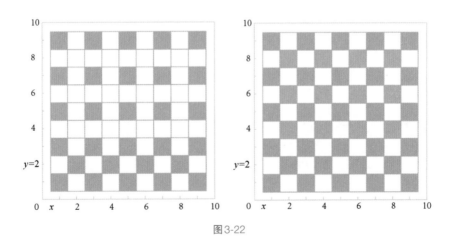

图 3-22

下面给出全部代码。

```
import turtle
turtle.setup(600, 600)
turtle.title('利用循环嵌套设计棋盘图案')
turtle.setworldcoordinates(0, 0, 10, 10)
turtle.hideturtle()
turtle.speed(0)
turtle.bgcolor('white')
```

```
def draw_square(x, y, size, c):
    turtle.up()
    turtle.goto(x - size / 2,y - size / 2)
    turtle.seth(0)
    turtle.color(c)
    turtle.begin_fill()
    for _ in range(4):
        turtle.fd(size)
        turtle.left(90)
    turtle.end_fill()


def draw_board():
    for y in range(1, 10, 2):
        for x in range(1, 10, 2):
            draw_square(x, y, 1, 'black')
    for y in range(2, 10, 2):
        for x in range(2, 10, 2):
            draw_square(x, y, 1, 'black')


def draw_frame():
    turtle.pensize(2)
    turtle.up()
    turtle.goto(0.5, 0.5)
    turtle.color('black')
    turtle.down()
    for i in range(4):
        turtle.forward(9)
        turtle.left(90)


draw_board()
draw_frame()
```

探究学习

（1）numinput()函数会弹出一个对话框，提示用户输入数字，如图3-23所示，使用方法
如下。

turtle.numinput(标题, 提示语, 默认值=None, 最低值=None, 最高值=None)

其中后3个参数可以省略，如turtle.numinput('提示', '请在下面的文本框中输入圆形的半
径。')。如果希望限制用户输入的范围，可以这样写：

```
turtle.numinput('提示', '请在下面的文本框中输入圆形的半径。', 100, 0, 500)
```

图3-23

设置初始值为100，设置半径为0~500，如果输入了超过500的数，将弹出一个错误提示窗口。

write() 函数可以在画图窗口中显示文字，使用方法如下：

```
turtle.write(字符串, move=False, align="left", font=("Arial", 8, "normal"))
```

move参数设置为True时，海龟将移动到文字的右下角位置，可以用于连续输出多个文字，默认值为False，即不移动。align参数用于设置对齐方式，可选参数有"left" "center"或"right"，font参数用于设置字体。例如：

```
>>> turtle.write("奋斗", True, align="center")
>>> turtle.write('Python', font=('黑体', 10, 'normal'))
```

尝试编写程序，提示用户输入半径，屏幕上显示与此对应的圆形，并在圆心位置显示它的面积。效果如图3-24所示。

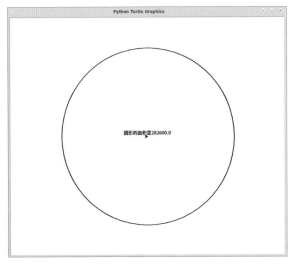

图3-24

（2）图3-25所示图案是使用若干条直线绘制出来的，尝试编程，绘制出这个曲线图案。

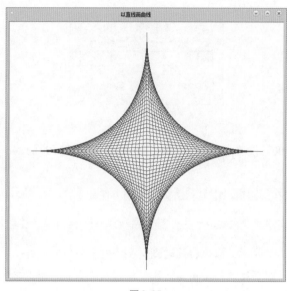

图3-25

3.7 用直线画曲线

图3-26所示的图案全部是用直线画出来的，中间没有使用一条曲线。下面我们来研究如何绘制出这样的图案。

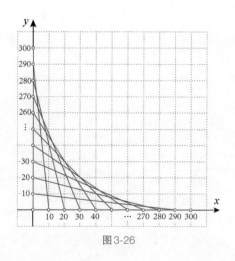

图3-26

我们先来分析一下画法，如图3-27所示。

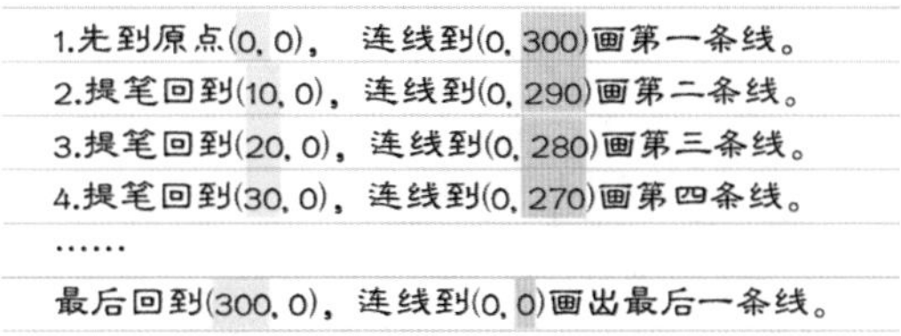

1.先到原点(0, 0)， 连线到(0, 300)画第一条线。
2.提笔回到(10, 0)， 连线到(0, 290)画第二条线。
3.提笔回到(20, 0)， 连线到(0, 280)画第三条线。
4.提笔回到(30, 0)， 连线到(0, 270)画第四条线。
……
最后回到(300, 0)， 连线到(0, 0)画出最后一条线。

图3-27

你发现其中的规律了吗？在画每条线的时候，第一个点的x坐标从0开始递增到300，每次增加10，y坐标为0；第二个点的x坐标为0，y坐标呢？

第二个点的y坐标从300开始依次递减10，最后为0.

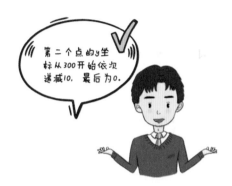

这个回答是对的，不过，更好的发现如图3-28所示。

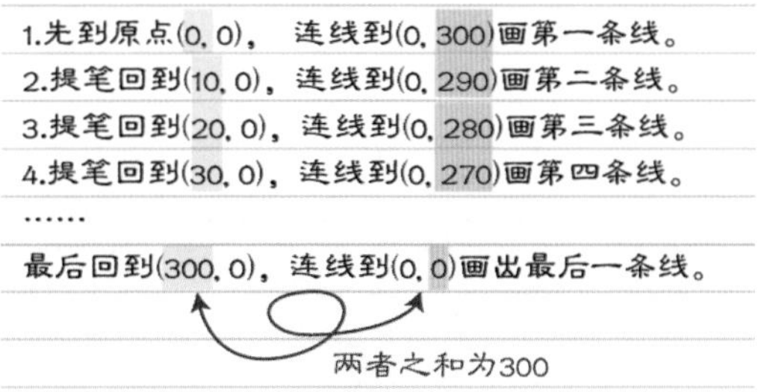

1.先到原点(0, 0)， 连线到(0, 300)画第一条线。
2.提笔回到(10, 0)， 连线到(0, 290)画第二条线。
3.提笔回到(20, 0)， 连线到(0, 280)画第三条线。
4.提笔回到(30, 0)， 连线到(0, 270)画第四条线。
……
最后回到(300, 0)， 连线到(0, 0)画出最后一条线。
两者之和为300

图3-28

利用这个规律，我们可以开始编程了。

程序代码如下。

```
import turtle
turtle.pencolor('dark orange')
for i in range(0,310,10):
    turtle.penup()
    turtle.setpos(i,0)
    turtle.pendown()
    turtle.setpos(0,300-i)
```

当然可以，不过我们有更好的算法，可以同时绘制 4 个象限，请看图 3-29。

1. 从（0，0）出发，依次经过（0，300）（0，0）（0，-300）（0，0）。

2. 从（10，0）出发，依次经过（0，290）（-10，0）（0，-290）（10，0）。

3. 从（20，0）出发，依次经过（0，280）（-20，0）（0，-280）（20，0）。

……

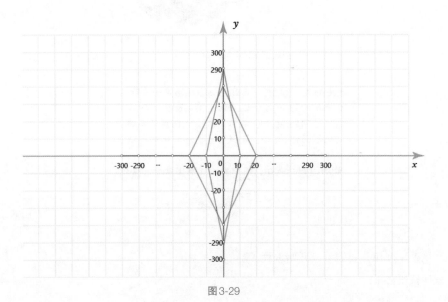

图 3-29

规律如图 3-30 所示，下面我们开始编程。

相反数

1. (0, 0), (0, 300), (0, 0), (0, -300), (0, 0)

2. (10, 0), (0, 290), (-10, 0), (0, -290), (10, 0)

3. (20, 0), (0, 280), (-20, 0), (0, -280), (20, 0)

两者之和为 300

图 3-30

程序代码如下，效果如图3-31所示。

```
import turtle
turtle.title('以直线画曲线')
turtle.speed(0)
turtle.pencolor('dark orange')
for i in range(0,310,10):
    turtle.setpos(i,0)
    turtle.setpos(0,300-i)
    turtle.setpos(-i,0)
    turtle.setpos(0,i-300)
    turtle.setpos(i,0)
turtle.hideturtle()
```

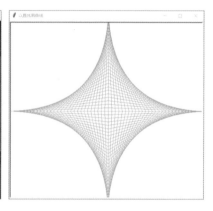

图3-31

3.8　lambda表达式

lambda是希腊字母的英文发音，大写为Λ，小写为λ。lambda表达式等价于函数，通常没有函数名，又称为匿名函数。使用lambda表达式可以使代码变得更加简洁。

我们可以将lambda表达式看成一个微型函数，该函数只有一行。该表达式的计算结果相当于函数的返回值。lambda表达式的使用方法如表3-1所示。

表 3-1　lambda表达式的使用方法

lambda	参数	：	表达式
开头	形式参数，如有多个，需要用逗号隔开	冒号	要计算的表达式

比如，如果需要返回某个数的平方多1的数，使用lambda表达式可以这样写：

```
f = lambda x : x ** 2 + 1
```

这个表达式等价于

```
def f(x):
    return x ** 2 + 1
```

它们之间的对应关系如图3-32所示。

下面我们结合一个具体的例子看看如何使用lambda表达式处理数据。

```
nums = [0, 1, 2, 3, 4, 5, 6, 7, 9]
```

首先建立一个列表，其中包含需要处理的数据，我们将里面的数据平方再加1后，存入一个新的列表。此时可以使用map()函数，一般情况下，需要创建一个函数进行运算，如下面的op()函数，然后使用map()函数将op()函数映射到列表中的每个数值上。

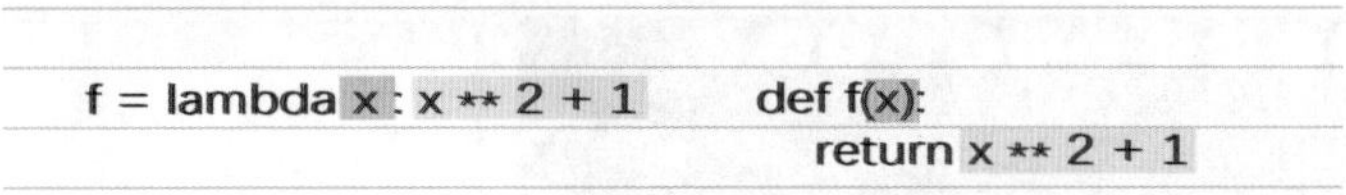

f = lambda x : x ** 2 + 1   def f(x):
                                     return x ** 2 + 1

图3-32

```
def op(x):
    return x ** 2 + 1
new_nums = map(op, nums)
print(list(new_nums))
```

程序运行时，map()函数将op()函数映射到列表中的每一个元素。这个程序可以更优美一些，如图3-33所示。

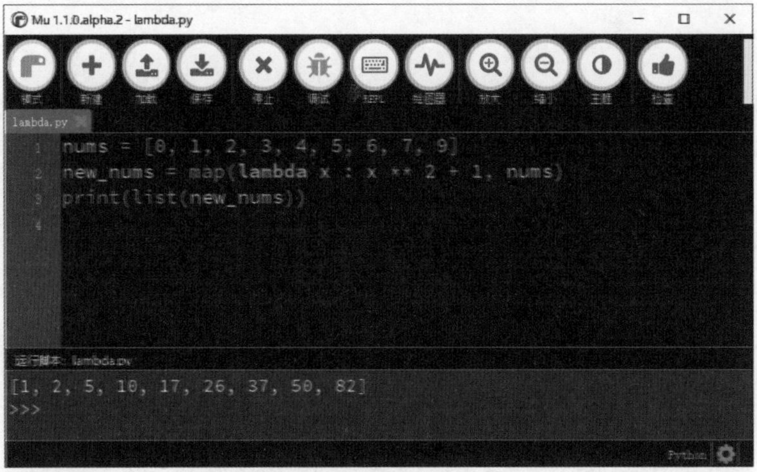

图3-33

```
nums = [0, 1, 2, 3, 4, 5, 6, 7, 9]
new_nums = map(lambda x : x ** 2 + 1, nums)
print(list(new_nums))
```

在上面的程序中，lambda 表达式替代了 op() 函数。

3.9 变量的作用范围

我们先来分析下面这段代码，然后看看运行的结果是多少。

```
a = 20
def func():
    a = 25
    a = a + 1
func()
print(a)
```

结果是 20 还是 26 呢？

如图 3-34 所示，正确答案是 20，大家可以在计算机上验证一下。为什么会出现这种情况呢？如果在函数内部为一个变量赋值，就会创建一个局部变量，局部变量只能在该函数内部使用。

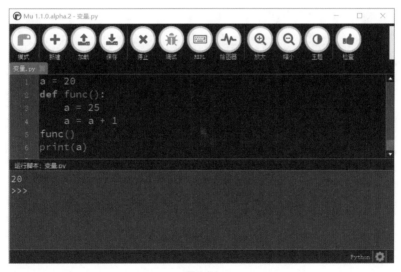

图3-34

上面的程序中，第一行创建的是全局变量，可以在整个程序中访问，如图 3-35 所示。

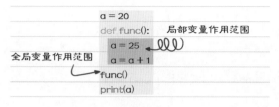

图3-35

我们再来看一个例子。

```
m = 25
def func():
    m = m * 2
func()
print(m)
```

这段代码运行的结果是什么呢?

答案是没有结果,我们会得到一个UnboundLocalError的错误,错误提示信息为:local variable 'm' referenced before assignment,即局部变量 m 未赋值就引用了,如图3-36所示。上述的程序中,第一个 m 是全局变量,第二个 m 是局部变量,这个局部变量没有赋值。那么,怎样才能在函数内部引用全局变量的值呢?

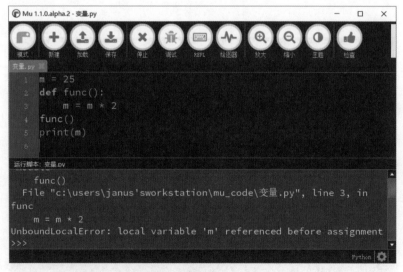

图3-36

我们可以使用global语句:

```
m = 25
def func():
```

```
    global m
    m = m * 2
func()
print(m)
```

global m 表示 *m* 变量是全局变量，意味着函数里面的 *m* 和外面的 *m* 是同一个变量。global 的中文含义是"全球的；全面的，整体的，全局的"。

通过上面的学习可以发现：一个函数的局部变量不能被函数之外的语句访问，因此不同的函数可以有相同名字的局部变量。

第4章

列表

一个变量里面可以存放一个数字或字符串。如果有很多的字符串或数字，如一个班级学生的名单，这时就可以使用列表了。

列表是包含多个数据项的对象，列表里的元素在程序运行的时候是可以修改的，同时还可以增加或删除元素。

学习目标

- 了解列表在程序设计中的作用。
- 学习如何创建列表，并能进行列表的常见操作。
- 会使用变量访问列表元素。
- 会使用循环语句遍历列表中的元素。

4.1 创建列表

下面创建了一个整数列表，该语句执行后，primeNumbers将引用该列表。

```
primeNumbers = [2, 3, 5, 7, 11, 13, 17]
```

列表里的元素也可以是字符串，下面创建了一个包含常见色彩的列表。

```
col = ['red', 'purple', 'blue', 'green', 'orange', 'yellow']
```

列表中的元素用中括号括住，并且用逗号分隔开。

一个列表既可以包含同样类型的元素，也可以包含不同类型的元素，如下面的列表也是可以的。

```
list1 = ['book', 99, 4]
```

Python中有一个内置函数list()，可以将特定的对象转换为列表。

```
num = list(range(10))
```

该语句执行后，num 列表为 [0, 1, 2, 3, 4, 5, 6, 7, 8, 9]，如图4-1所示。

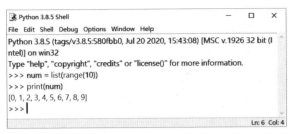

图4-1

4.2 访问列表元素

使用索引可以访问列表中的单个元素，索引从0开始，第一个元素的索引为0，第二个元素的索引为1，对于一个有 n 个元素的列表，最后一个元素的索引为 $n-1$。

例如，建立一个列表 students，其中存放了6个同学的姓名：

```
students = ['斯宇', '鑫蕾', '崔杰', '邑杭', '果涵', '雨钱']
```

如图4-2所示，列表 students 有6个索引值从0到5的元素。

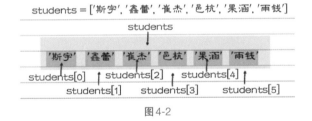

图4-2

如果访问 students[6] 将引起程序错误，如图4-3所示。为了避免出现这个错误，对于一个有 n 个元素的列表，一定要确保不能访问超过 $n-1$ 的索引值。

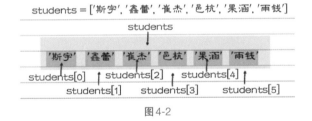

图4-3

使用循环语句可以访问列表中的每个元素，如图4-4所示。

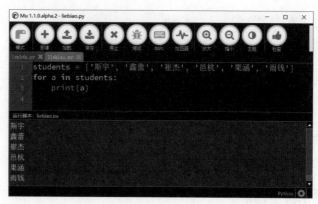

图4-4

这个语句执行的过程是这样的：将列表中的第一个数据赋值给变量*a*，然后执行循环体中的print语句，结束后，再将列表中的下一个数据赋值给变量*a*，然后再执行循环体中的print语句。重复这个过程，直到列表中的最后一个数据也赋值给变量*a*。

使用len()函数可以返回列表的长度。我们可以使用for循环来打印列表的元素：

```
col = ['red', 'purple', 'blue', 'green', 'orange', 'yellow']
n = len(col)
for i in range(n):
    print(col[i])
```

len()函数会返回列表col中元素的个数，这样就不会出现越界访问的错误。

4.3　列表方法

列表有很多方法允许添加元素、删除元素、更改元素等，表4-1介绍了几种常见的方法，可以在交互模式中进行实验以帮助理解。

表4-1　常见的列表方法

方法	描述
append()	增加元素到列表的末尾
insert()	将元素增加到指定的下标处
extend(列表1)	将列表1中的所有元素追加到当前列表尾部
reverse()	反转列表中元素的顺序
sort()	对列表中的元素排序

续表

方法	描述
pop()	删除指定位置的元素并返回该元素，如果没有给出参数，将删除并返回列表中的最后一个元素
remove()	删除列表中第一个与指定值相同的元素
clear()	删除列表中的所有元素

下面我们借助秦国灭掉六国统一天下的典故，熟悉列表方法的使用。

首先建立两个列表kingdoms和kingdoms2，分别代表秦国和六国。

```
>>> kingdoms = ['秦']
>>> kingdoms2 = ['楚', '齐', '赵', '魏', '韩', '燕']
```

kingdoms.extend(kingdoms2)方法将列表kingdoms2中的所有元素追加到kingdoms列表尾部，这样我们就得到战国七雄。

```
>>> kingdoms.extend(kingdoms2)
>>> kingdoms
 ['秦', '楚', '齐', '赵', '魏', '韩', '燕']
```

kingdoms.pop(5)删除索引值为5的元素并返回该元素，这样韩国就从kingdoms列表中删除了。

```
>>> kingdoms.pop(5)
'韩'
>>> kingdoms
['秦', '楚', '齐', '赵', '魏', '燕']
```

kingdoms.remove('赵') 删除列表中第一个值为'赵'的元素。

```
>>> kingdoms.remove('赵')
>>> kingdoms
['秦', '楚', '齐', '魏', '燕']
```

kingdoms.clear() 删除列表中的所有元素。

```
>>> kingdoms.clear()
>>> kingdoms
[]
```

4.4　创作色彩循环图案

图4-5所示为一个螺旋图案。

图4-5

绘制过程是这样的：前进2像素，左转90°；前进4像素，左转90°；前进6像素，左转90°；前进8像素，左转90°……这个过程用算法描述如图4-6所示。

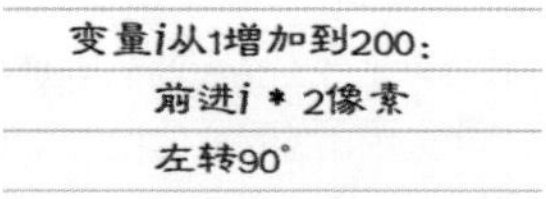

变量i从1增加到200：
前进i * 2像素
左转90°

图4-6

程序可以这样编写：

```
import turtle
turtle.speed(0)
for i in range(1, 200):
    turtle.forward(i * 2)
    turtle.left(90)
```

试试修改这里的角度数值90为89、91、120、121等不同的数值，看看能得到何种不同的效果？

上面的图形使用的是固定色彩，现在我们引入列表，让色彩变得五彩斑斓。
程序代码如下。

```python
import turtle
turtle.bgcolor('black')
turtle.pensize(4)
turtle.speed(0)
col = ['red', 'purple', 'blue', 'green', 'orange', 'yellow']

for i in range(1, 200):
    turtle.color(col[i % 6])
    turtle.forward(i * 2)
    turtle.left(59)
```

程序运行结果如图 4-7 所示。

这里用变量 i 实现了色彩的变化，不过由于 i 的范围为 0~199，而颜色列表仅有 6 个元素，这就容易引起越界访问错误，因此我们使用取模运算，使 $i \% 6$ 的值在 0~5 之间变化。

另外，还可以做一些变化，如让海龟在前进的时候提笔，前进后显示文字信息，并通过变量控制字体的大小，如图 4-8 所示。

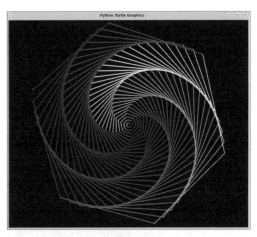

图 4-7

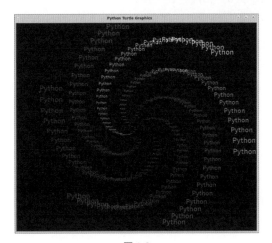

图 4-8

程序代码如下。

```python
import turtle
turtle.bgcolor('black')
turtle.pensize(4)
turtle.speed(0)
col = ['red', 'purple', 'blue', 'green', 'orange', 'yellow']

for i in range(1, 200):
    turtle.color(col[i % 6])
    turtle.penup()
    turtle.forward(i * 2)
    turtle.write('Python', font=('黑体', 1 + i // 10,' normal'))
    turtle.left(59)
```

$i // 10$ 的目的在于控制 i 的增长速度，每 10 个迭代才增加 1，为什么要在前面加 1 呢？这是为了避免出现字体大小为 0 的情况，在字体大小为 0 的情况下，将使用默认字体大小。

下面这个挑战很有意思，你可以尝试利用 input() 函数获取用户输入的文字，然后将用户输入的文字制作成螺旋形图案。

4.5 元组

元组与列表类似，都是一个序列，元组的所有元素都放在一对括号中，元素之间使用逗号隔开。

```python
t1 = ()
t2 = (2, 4, 6, 8)
colors = ('red', 'purple')
```

第一行建立一个空元组，第二行建立一个包含四个元素的元组，第三行建立一个包含两

个颜色的元组。如果要创建一个只有一个元素的元组,那么必须在元素值的后面写上一个逗号。比如:

```
t3 = (3, )
```

处理元组的速度比列表快,如果需要处理大量的数据,并且这些数据不需要修改,元组是一个非常好的选择。另外,元组的安全性比较高,元组创建之后,就不能再对其中的元素进行增删操作。

与列表一样,元组支持索引,可以在元组上使用len()、min()、max()、sum()等函数。可以使用一个for循环遍历元组的所有元素,可以使用in和not in运算符来判断一个元素是否在元组内。

我们根据孔子周游列国的故事,编写一个程序,分别输出孔子带领弟子周游过的国家,如图4-9所示。

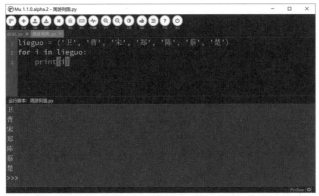

图4-9

元组不支持append()、remove()、insert()等方法,因为元组在程序运行的时候是不可以修改的。

元组和列表之间可以进行转换,我们可以使用内置的list()函数将一个元组转换成一个列表,也可以使用内置的tuple()函数将一个列表转换成一个元组。

与列表不同，元组创建的时候使用圆括号，但在使用索引值引用元组元素的时候依然是要使用中方括号的，我们来看下面的例子。

在中国古代的历法中，甲、乙、丙、丁、戊、己、庚、辛、壬、癸被称为"十天干"，子、丑、寅、卯、辰、巳、午、未、申、酉、戌、亥叫作"十二地支"。古代中国人民用天干地支来表示年、月、日、时。十天干和十二地支进行循环组合：甲子、乙丑、丙寅……一直到癸亥，共得到60个组合，称为六十甲子，如此周而复始，无穷无尽。

甲、乙、丙、丁、戊、己、庚、辛、壬、癸、甲、乙、丙、丁……

子、丑、寅、卯、辰、巳、午、未、申、酉、戌、亥、子、丑……

我们来编写一个程序列举出这六十甲子，如图4-10所示。

图 4-10

4.6 深入序列

字符串、列表和元组都是序列，前面我们说过，访问列表和元组中的元素可以使用索引。索引从0开始，所以第一个元素的索引为0，第二个元素的索引为1，以此类推。列表和元组中最后一个元素的索引比列表和元组中元素的个数少1。

下面我们以唐代李白《南陵别儿童入京》诗中的一句话为素材，理解序列的索引知识，如图4-11所示。

列表还支持使用负整数作为下标。−1表示倒数第一个元素，−2表示倒数第二个元素，如图4-12所示。

元素	仰	天	大	笑	出	门	去
索引	0	1	2	3	4	5	6

图 4-11

元素	仰	天	大	笑	出	门	去
索引	−7	−6	−5	−4	−3	−2	−1

图 4-12

此诗全文如下：

> 白酒新熟山中归，黄鸡啄黍秋正肥。
>
> 呼童烹鸡酌白酒，儿女嬉笑牵人衣。
>
> 高歌取醉欲自慰，起舞落日争光辉。
>
> 游说万乘苦不早，著鞭跨马涉远道。
>
> 会稽愚妇轻买臣，余亦辞家西入秦。
>
> 仰天大笑出门去，我辈岂是蓬蒿人。

列表、元组、字符串都支持这种索引方式：

```
>>> d = '仰天大笑出门去'        #字符串
>>> d[-1]
'去'
>>> d = list(d)            #列表
>>> d
['仰', '天', '大', '笑', '出', '门', '去']
>>> d[-2]
'门'
>>> d = tuple(d)           #元组
>>> d
('仰', '天', '大', '笑', '出', '门', '去')
>>> d[-3]
'出'
```

这两种方法之间是有联系的，将这里的负数加上列表元素的数量，就能得到对应的正数索引值了。比如这个列表中，元素有7个，对于最后一个元素"去"而言，-1+7=6，-1和6都可指向元素"去"。

图4-13所示是巧妙利用这种下标完成的斐波那契数列，这样能很快计算出前22项。

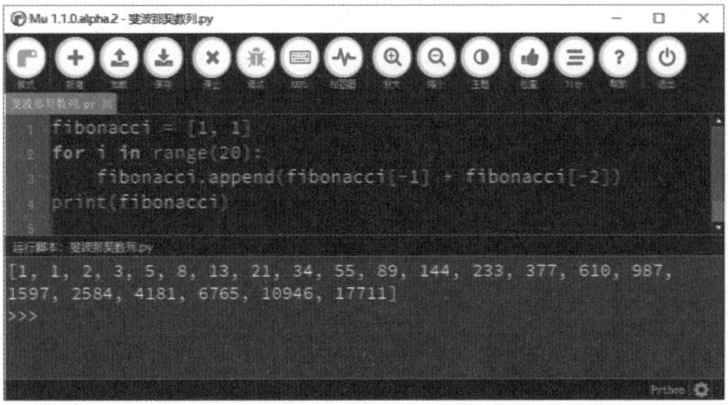

图4-13

我们可以截取字符串、列表和元组中的一部分。例如，截取列表的语法是 list[start : stop : step]。三个参数的含义与 range(start : stop : step) 函数中三个参数的含义完全一致。*start* 为起始索引值，*stop* 为结束值，但不能等于 *stop*，必须比 *stop* 少 1，*step* 为步长值。

```
list1 = [1, 1, 2, 3, 5, 8, 13]
print(list1[2 : 4 : 1])
```

从索引值为 2 的数开始，到索引值为 3 的数结束，步长值为 1 时可以省略，上面的句子可以简写成 print(list1[2 : 4])。

当起始索引值为 0 时可以省略，但不能省略冒号，图 4-14 所示的句子和 print(list1[: 4]) 效果一样。

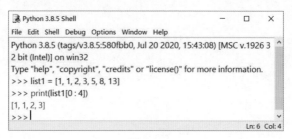

图 4-14

当结束值为列表元素总数时也可以省略。

```
list1 = [1, 1, 2, 3, 5, 8, 13]
print(list1[2 : 7])
```

list1[2 : 7] 与 list1[2 :] 是一样的。

```
list1 = [1, 1, 2, 3, 5, 8, 13]
print(list1[ : : ])
```

如果三个参数都使用默认值，则返回包含原列表中的所有元素的新列表。

```
list1 = [1, 1, 2, 3, 5, 8, 13]
print(list1[ : : -1])
```

步长值为 -1 时，则返回一个包含原列表逆序排列后的新列表。

```
list1 = [1, 1, 2, 3, 5, 8, 13]
print(list1[ 1: : 2])
```

从索引值为 1 的数开始，到最后一个元素，每隔 1 个数取一个。

如果起始值超过了列表的长度，则返回一个空列表。如果结束值超过了列表的长度，则到列表的最后一个元素自动结束。

第5章

随机模块

在程序设计中，随机数有着重要的作用。Python内置了几个用于处理随机数的库函数，这些函数存储在random模块中，在使用这些函数之前，我们需要引用该模块。

学习目标
- 掌握randint()或者random()函数的使用方法，会利用这些函数生成随机数。
- 掌握五角星的算法。
- 会用colorsys模块实现色彩循环，并能进行富有创意的图案设计。

5.1 随机数

很多游戏中都需要使用色子，色子的6个面上有6个不同的数字，扔出后结果可能是1~6中的任何一个。我们可以编写下面的程序来模拟这个过程。

```
import random
number = random.randint(1, 6)
print(number)
```

由于randint()函数在random模块中，我们需要在程序中使用点符号来表示对其的引用。点号左侧的random是模块名，点号右侧的randint是函数名。表5-1列出了random模块中常见的几个函数。

表5-1　random模块常见的函数

函数	描述
random()	生成[0.0, 1.0)之间的随机小数，注意左边是中括号，右边是小括号，表示左端含0.0，右端要比1.0小
randint(a, b)	生成[a, b]之间的整数
randrange(a, b[, step])	生成[a, b)之间的以step为步长的随机整数

续表

函数	描述
uniform(a, b)	生成[a, b]之间的随机实数
choice(seq)	从列表seq中随机抽取一个元素并返回
shuffle(seq)	将列表seq中的元素随机排列
sample(seq, j)	从列表seq中随机选取j个元素，并返回一个列表

下面我们借助李白的诗句"直挂云帆济沧海"来做一个实验，帮助理解这几个函数。list()函数将字符串转换为列表对象。

```
>>> import random
>>> p = list('直挂云帆济沧海')
>>> p
['直', '挂', '云', '帆', '济', '沧', '海']
```

random.shuffle(p) 将列表中的元素随机排列。

```
>>> random.shuffle(p)
>>> print(p)
['挂', '直', '帆', '云', '济', '海', '沧']
```

random.choice(p) 从列表p中随机抽取一个元素并返回。

```
>>> random.choice(p)
'济'
```

random.sample(p, 4) 从列表p中随机选取4个元素，并返回一个列表。

```
>>> random.sample(p, 4)
['济', '沧', '云', '挂']
```

5.2 夜空中的星星

图5-1所示是一个五角星的图案，你能算出图中三个角的度数吗？

图5-1

现在我们开始绘制一幅夜空图，静谧的夜空闪烁着无数的星星，算法描述如下。

重复执行800次：
    随机生成r、g、b三个颜色分量
    设置画笔的颜色为随机色
    随机生成x、y两个位置变量
    提笔将海龟移动到随机位置
    落笔
    开始填充
    绘制五角星
    结束填充

程序代码如下。

```python
import turtle
import random
turtle.screensize(1280, 720)
turtle.colormode(255)
turtle.bgcolor('blue4')
turtle.width(1)
turtle.shape('turtle')
turtle.speed(0)

def myStar(a):
    for i in range(5):
        turtle.forward(a)
        turtle.right(72)
        turtle.forward(a)
        turtle.right(144)

for i in range(800):
    r = random.randint(0, 255)
    g = random.randint(0, 255)
    b = random.randint(0, 255)
    turtle.color(r, g, b)
    x = random.randint(-640, 640)
    y = random.randint(-360, 360)
    turtle.penup()
    turtle.goto(x, y)
    turtle.pendown()
    size_of_star=random.randint(10, 40)
    turtle.begin_fill()
```

```
myStar(size_of_star)
turtle.end_fill()
```

程序运行结果如图5-2所示。

图5-2

探究学习

（1）图5-3所示是一个同学创作的图案，大家分析一下这是如何实现的，也期待你能设计出与众不同的作品。

图5-3

（2）绘制一个长800像素、宽600像素的矩形区域，矩形的中心点为（0，0），在此区域内随机绘制10个圆形。

5.3　用 colorsys 模块实现色彩循环

如果需要使用更加鲜艳的色彩，我们可以借助于 colorsys 模块。colorsys 模块定义了计算机显示器所用的 RGB 色彩空间与三种其他色彩坐标系统 YIQ、HLS（Hue Lightness Saturation）和 HSV（Hue Saturation Value）表示的颜色值之间的双向转换。所有这些色彩空间的坐标都使用浮点数值来表示。在 YIQ 空间中，Y 坐标取值为 0 和 1 之间，而 I 和 Q 坐标均可以为正数或负数。在所有其他空间中，坐标取值均为 0 和 1 之间。

一、RGB

RGB 是从颜色发光的原理来设计制定的，通俗点说，它的颜色混合方式就好像有红、绿、蓝 3 盏灯，当它们的光相互叠合的时候，色彩相混，而亮度却等于两者亮度的总和，越混合亮度越高，即加法混合。

二、HSV

HSV 是一种比较直观的颜色模型，所以在许多图像编辑工具中应用比较广泛，这个模型中颜色的参数分别是色调（H，Hue）、饱和度（S，Saturation）、明度（V，Value）。H 参数表示色彩信息，即所处的光谱颜色的位置；饱和度 S 为一个比例值，范围从 0 到 1；V 表示色彩的明亮程度，范围从 0 到 1。

三、函数简介

colorsys 模块定义了如下函数。

colorsys.rgb_to_yiq(r, g, b)：把颜色从 RGB 值转换为 YIQ 值。

colorsys.yiq_to_rgb(y, i, q)：把颜色从 YIQ 值转换为 RGB 值。

colorsys.rgb_to_hls(r, g, b)：把颜色从 RGB 值转换为 HLS 值。

colorsys.hls_to_rgb(h, l, s)：把颜色从 HLS 值转换为 RGB 值。

colorsys.rgb_to_hsv(r, g, b)：把颜色从 RGB 值转换为 HSV 值。

colorsys.hsv_to_rgb(h, s, v)：把颜色从 HSV 值转换为 RGB 值。

我们来看几个例子：

把 RGB 值 (0.2, 0.4, 0.4) 转换为 HSV 值，返回结果 (0.5, 0.5, 0.4)。

```
>>> import colorsys
>>> colorsys.rgb_to_hsv(0.2, 0.4, 0.4)
(0.5, 0.5, 0.4)
```

下面的例子把 HSV 值（0.5, 0.5, 0.4）转换为 RGB 值（0.2, 0.4, 0.4）。

```
>>> colorsys.hsv_to_rgb(0.5, 0.5, 0.4)
(0.2, 0.4, 0.4)
```

下面我们来研究一个具体的例子，前面我们绘制过多彩的螺旋形，下面这个例子使用了更多的色彩，如果你注意观察，还能够看到色彩按照赤橙黄绿青蓝紫的顺序循环变换，非常好看，如图5-4所示。

图5-4

首先引用用到的两个模块：turtle和colorsys。

```
import turtle
import colorsys
```

接下来设置窗口的大小、海龟速度和背景色。

```
turtle.setup(700,700)
turtle.speed(0)
turtle.bgcolor('black')
```

下面我们分别建立3个变量：n为循环的次数，初始值为200；s为每次前进的长度，初始值为2，每次增加2；变量a控制色调，初始值为0。

```
n = 200
s = 2
a = 0
```

在下面的循环中，a的值每次增加0.01，然后将HSV值$(a, 1, 1)$转换为RGB值，依次实现色彩的渐变。

```
for i in range(n):
    col = colorsys.hsv_to_rgb(a, 1, 1)
    turtle.color(col)
```

```
turtle.fd(s)
turtle.left(119)
s += 2
a = a + 0.01
```

完整代码如图 5-5 所示。

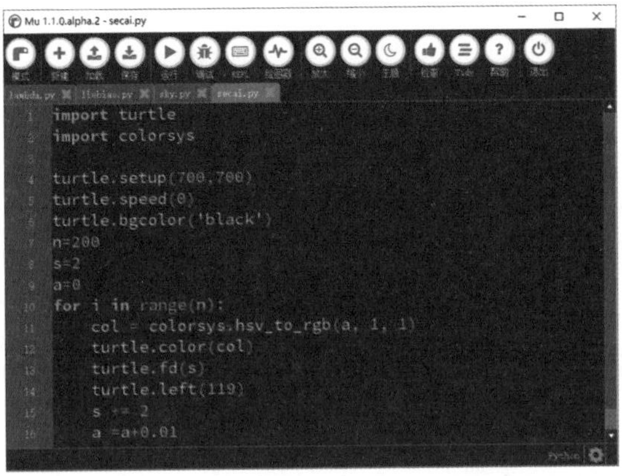

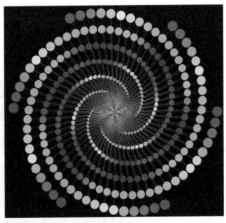

图 5-5

5.4　多彩圆形图案

图 5-6 所示图形看起来色彩更好，这个图形的设计思路与螺旋形一致，为了确保后面画的图形不会破坏原来的图形，我们是从外围向中间画的。

首先引用 turtle 和 colorsys 模块：

```
import turtle
import colorsys
```

接下来设置窗口大小、海龟画图速度和背景色。turtle.tracer(0) 用于关闭动画效果，这样能马上看到绘图的结果。

```
turtle.setup(700, 700)
turtle.speed(0)
turtle.tracer(0)
turtle.bgcolor('black')
```

图 5-6

新建变量 a 用于控制色彩变化。

a=0

下面自定义一个画点的函数 draw_dot()。该函数的参数 len 与前进的长度有关，len / 10 是圆点的直径。

```
def draw_dot(len):

    turtle.forward(len)
    turtle.dot(len / 10)
    turtle.backward(len)
```

以往我们绘制螺旋图案的时候是从里往外绘制的，这次要反过来，从外往里画，这样圆形的图案不会被后面画的线条盖住。首次执行的时候，*i* 为 340，draw_dot(*i* + 50) 函数将会前进 390 像素，绘制一个直径为 340/10 像素的圆点，再退回中间位置。然后右转 61° 角，调整色彩后进入下一次循环。随着 *i* 值的缩小，前进的步长变小，圆点也随之变小，这样实现从外向内缩小的现象。

```
for i in range(340, 1, -1):
    col = colorsys.hsv_to_rgb(a, 1, 1)
    turtle.color(col)
    draw_dot(i + 50)
    turtle.right(61)
    a =a + 0.005
```

完整代码如图 5-7 所示。

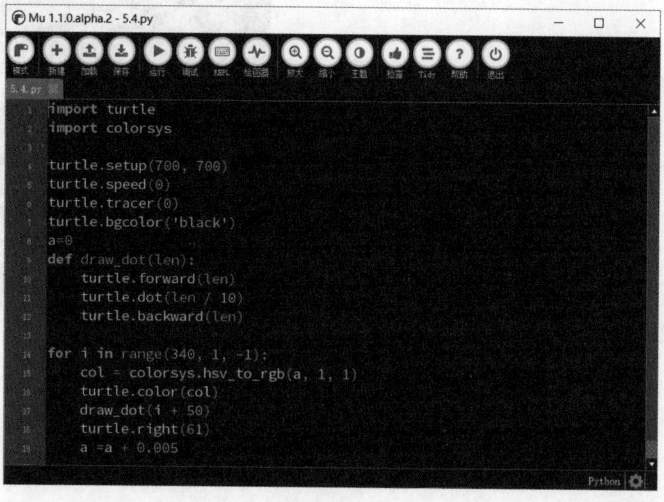

图 5-7

5.5 扭曲的墙壁

在这个例子中，我们来绘制图5-8所示的图形，这个图形看起来非常复杂，实际上画法很简单。算法描述如下。

定义一个画正方形的函数
重复执行，正方形边长从300减少到0：
　　绘制正方形
　　正方形边长减少0.1
　　海龟朝向角度增加3°

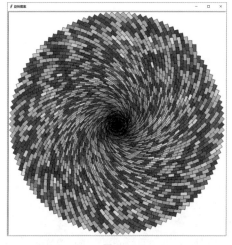

图5-8

程序代码如下。

```
#引用模块
import turtle
import random
import colorsys
#设置窗口大小、海龟速度、窗口标题等
turtle.speed(0)
turtle.setup(900, 900)
turtle.title('旋转图案')
turtle.hideturtle()
```

#定义绘制正方形的函数draw_square()，x,y参数为绘制正方形的起始位置，size参数是边长，c参数为填充颜色

```
def draw_square(x, y, size, a, c):
    turtle.up()
```

```
turtle.goto(x, y)
turtle.down()
turtle.seth(a)
turtle.fillcolor(c)
turtle.begin_fill()
for i in range(4):
    turtle.fd(size)
    turtle.left(90)
turtle.end_fill()
#设置边长初始值为300，依次绘制随机色彩的正方形，每绘制一次，边长减去0.1
angle = 0
size = 300
while size > 0:
    a = random.uniform(0, 1)
    col = colorsys.hsv_to_rgb(a, 1, 1)
    draw_square(0,0,size, angle, col)
    size -= 0.1
    angle += 3
```

完整程序如图5-9所示。

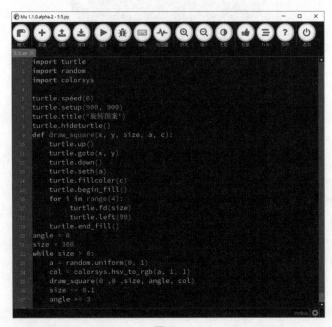

图5-9

第6章

选择结构与布尔逻辑

我们每天都需要根据不同的情况做出决定。比如，如果今天下雨，就带上雨伞。计算机中也有这样的决策。在一个出题计算的程序中，如果我们输入的回答等于正确答案就显示回答正确，否则显示回答错误。Python提供了选择语句，让我们可以在两个或多个不同的条件下选择不同的动作。

学习目标

- 会使用逻辑运算符组合各种条件。
- 会使用if-else语句实现选择控制。

6.1　单分支结构

在Python语言中，我们用if语句来实现一个单分支选择结构。下面是if语句的通用格式：

```
if 条件表达式：
    语句块
```

如图6-1所示，条件表达式后面的英文冒号是不可缺少的，表示语句块的开始。语句块的所有语句都是统一缩进的，Python解释器就是通过缩进来识别语句块的开始和结束的。

图6-1

if语句执行时，将检测条件表达式的真假，如果条件为真，则执行if语句下面的语句块；如果条件为假，则跳过语句块执行后面的内容。

6.1.1 比较运算符

if语句将根据后面条件表达式的真假决定程序的走向，这个表达式又被称为布尔表达式，这是为了纪念英国数学家乔治·布尔。条件表达式中一般都需要有比较运算符（或称关系运算符）。比较运算符用于判断两个数值之间是否存在某种特殊的关系。比较的结果就是一个布尔值：True 或 False。比较运算符如表6-1所示。

表6-1　比较运算符

运算符	含义
<	小于
<=	小于或等于
>	大于
>=	大于或等于
==	等于
!=	不等于

下面我们在IDLE的交互模式中做一个实验，当在提示符>>>后面输入一个条件表达式时，解释器将确定表达式的值并以True或False的形式显示出来。

```
>>> a = 7
>>> b = 8
>>> a > b
False
>>> a < b
True
>>> a % 2 == 0
False
>>> b % 2 == 0
True
```

等于运算符是==，由两个等号组成，千万不要与前面学习的一个等号的赋值运算符混淆。

6.1.2 逻辑运算符

在有些情况下，需要将多个条件组合在一起考虑，使用逻辑运算符可以将多个条件组合成一个组合表达式。逻辑运算符（见表6-2）也被称为布尔运算符。

表6-2 逻辑运算符

运算符	描述
not	非
and	且
or	或

比如，如果要检测a是否比0大比90小，那么可以这样写条件表达式：a > 0 and a < 90，这个语句在Python语言中还可以简写成0 < a < 90，我们在IDLE的交互模式中做下面的实验。

```
>>> a = 10
>>> a > 0 and a < 90
True
>>> 0 < a < 90
True
```

6.2 二分支结构

现在我们来研究有两条可选择路径的双分支结构语句，当条件为真时执行一条路径，当条件为假时执行另一条路径，如图6-2所示。

```
if 条件表达式：
    语句块
else:
    语句块
```

图6-2

编译器执行到这个语句时，首先检测条件表达式，如果为真，则执行if从句后面缩进的语句块，然后跳转到else缩进语句块后面的语句；如果为假，则执行else从句后缩进的语句块，然后执行分支结构后面的语句块。

编写if-else语句时，要注意确保if和else对齐，条件表达式后和else语句后都要输入冒号，表示语句块的开始。

6.3 多分支结构

如果判断的条件比较多，则使用多分支结构：if-elif-else语句，该语句可以把复杂的逻辑简单地表达出来。

```
if 判断条件1：
    语句块
elif 判断条件2：
    语句块
elif 判断条件3：
    语句块
else：
    语句块
```

这里elif是else if的缩写，请注意if-elif-else语句的对齐与缩进：if、elif、else都是对齐的。每个条件紧跟的语句块都要缩进，如图6-3所示。

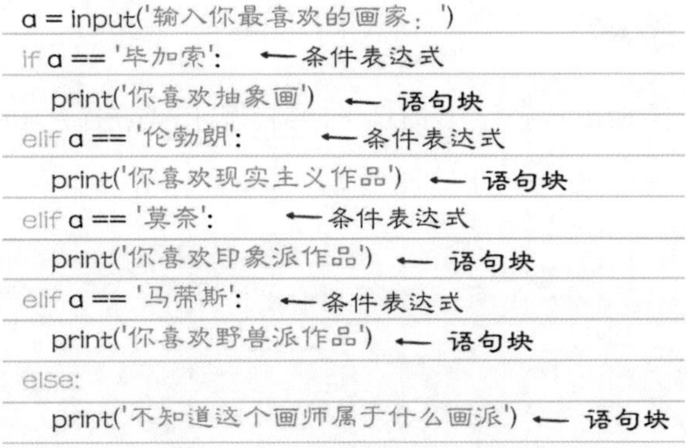

图6-3

6.4 判断闰年

闰年的判断方法是这样的：公历年份是4的倍数的一般是闰年，当遇到公历年份是100的倍数时，必须是400的倍数才是闰年，如2100年不是400的倍数，所以2100年不是闰年。

上面的方法可以总结为两种情况：如果一个年份不是100的倍数且是4的倍数，或者一个年份是400的倍数，这样的年份就是闰年。

```
year = eval(input('请输入需要判断的公历年份：'))
if (year % 100 != 0 and year % 4 ==0) or year % 400 ==0:
    print('{}年是闰年。'.format(year))
else:
    print('{}年是平年。'.format(year))
```

这里我们使用了字符串方法format，该方法非常灵活。在格式字符串中使用花括号作为占位符，然后在format方法中指定作为参数的变量。我们还可以把print语句写得更加简洁、优美，如下所示：

```
year = eval(input('请输入需要判断的公历年份：'))
if (year % 100 != 0 and year % 4 ==0) or year % 400 ==0:
    print(f'{year}年是闰年。')
else:
    print(f'{year}年是平年。')
```

探究学习

编写程序找出2001年到3000年之间所有的闰年，中间用空格隔开，每行显示10个闰年。

6.5 寻找水仙花数：列表推导式

这是一道经典的编程题，所谓"水仙花数"是指一个三位数，其各位数字的立方和等于该数本身，如371是水仙花数，因为 $371 = 3^3 + 7^3 + 1^3$。我们可以编写程序找出所有符合要求的水仙花数，如图6-4所示。

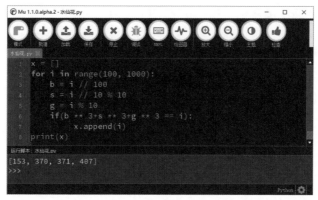

图6-4

上面的程序，使用列表推导式来写，可以更加简洁。

列表推导式也叫列表解析式。使用列表推导式可以对序列的元素进行遍历、过滤或者计算，快速生成满足特定条件的新列表。使用格式如下：

列表 = [表达式 for 变量 in 列表 if 条件]

例如，如果需要生成20以内的偶数列表，使用循环语句可以这样写：

```
num = []
for i in range(20):
    if i % 2 == 0:
        num.append(i)
```

使用列表推导式则更加简洁：

```
>>>num= [i for i in range(20) if i % 2 == 0]
>>>num
[0, 2, 4, 6, 8, 10, 12, 14, 16, 18]
```

原先4行的内容，可以缩减为1行。与循环语句相比，列表推导式可读性更强，使用的代码更少，同时执行的效率更高。列表推导式中的if语句可以省略，如下面的推导式可以快速生成一个10以内数字平方数的列表。

```
squares = [i ** 2 for i in range(10)]
```

水仙花数用列表推导式可以这样简写：

```
x = [i for i in range(100,1000) if ((i // 100) ** 3 + (i // 10 % 10)
** 3 + (i % 10) ** 3) == i]
print(x)
```

6.6　寻找水仙花数：序列解包

使用序列解包的方法，也能够解决水仙花数问题。序列解包是一个非常重要和常用的功能，可以用简洁的形式完成复杂的功能，大幅提高了代码的可读性，并且减少了代码输入量。例如，可以使用序列解包功能对多个变量同时进行赋值，下面都是合法的Python赋值方法。

```
>>> x, y, z = 1, 2, 3
>>> x, y, z = [1,2,3]
>>> x, y, z = range(3)
>>> x
1
>>> y
2
```

```
>>> z
3
```

如果希望将每个元素都转换为字符串，可以借助一个内置函数map()，map()的使用方法为：map(function, 序列)，它有两个参数，第一个参数为某个函数function，第二个参数为可迭代对象。map()将函数function依次映射到序列的每个元素上，并返回一个map对象作为结果。map()函数不对原序列做任何修改。

```
>>> a = map(str, range(3))
>>> a
<map object at 0x02CD2BB0>
>>> list(a)
['0', '1', '2']
```

上面的例子中，将函数str()映射到range(3)的每个元素上，将每个元素转换为字符串，并返回一个map对象作为结果。再利用序列解包，将各个元素赋值给多个变量。

```
>>> x, y, z = map(str, range(3))
>>> x
'0'
>>> y
'1'
>>> z
'2'
```

此时，每个元素都是字符串。我们可以将每个三位数转换为字符串，然后利用序列解包，将个位、十位、百位上的数字分别提取出来并转换为整数，再通过计算看是否满足水仙花数的条件。

```
x = []
for i in range(100, 1000):
    b, s, g = map(int, str(i))
    if b ** 3 + s ** 3 + g ** 3 == i:
        x.append(i)
print(x)
```

6.7　format方法的使用

Python 2.6及以上版本支持使用format方法将数据嵌入到字符串中输出。format()函数的参数个数不受限制，位置可以不按顺序。

```
>>> "{0} {1}".format("你好", "世界")   # 设置指定位置
'你好 世界'
```

参数的编号规则与列表索引编号规则类似，第一个为 0，第二个为 1，像上面这种情况，没有改变顺序，那么可以简写成：

```
>>>"{} {}".format("你好", "世界")      # 不设置指定位置，按默认顺序
'你好 世界'
```

另外，也可以自己进行编号。比如：

```
>>> "{1} {0}".format("你好", "世界")
'世界 你好'
```

一、数据类型

format() 方法支持的数据类型有 s、d、f 等。

s 为字符串类型，这也是默认类型，可以省略。比如：

```
>>> print('{0:s}'.format('发愤图强'))
发愤图强
```

d 为十进制整数，比如：

```
>>> print('{:d}'.format(1022))
1022
```

f 为浮点数，默认精度为 6。比如：

```
>>> print('{:f}'.format(55.666666664))
55.666667
```

二、对齐方式的取值

- <：左对齐。
- >：右对齐。
- ^：居中。
- =：在正负号（如果有的话）和数字之间填充，该对齐选项仅对数字类型有效。它可以输出类似 +0000120 这样的字符串。

对齐方式的取值如表 6-3 所示。

表 6-3 对齐方式的取值

数字	格式	输出	描述
3.1415926	{:.2f}	3.14	保留小数点后两位

续表

数字	格式	输出	描述
3.1415926	{:+.2f}	+3.14	带符号保留小数点后两位
−1	{:+.2f}	−1.00	带符号保留小数点后两位
2.71828	{:.0f}	3	不带小数
5	{:0>2d}	05	数字补零（填充左边，宽度为2）
5	{:x<4d}	5xxx	数字补x（填充右边，宽度为4）
10	{:x<4d}	10xx	数字补x（填充右边，宽度为4）
1000000	{:,}	1,000,000	以逗号分隔的数字格式
0.25	{:.2%}	25.00%	百分比格式
1000000000	{:.2e}	1.00e+09	指数记法
13	{:>10d}	13	右对齐（默认，宽度为10）
13	{:<10d}	13	左对齐（宽度为10）
13	{:^10d}	13	中间对齐（宽度为10）

Python 3.6及以上版本可以用 f'{变量}' 的形式。下面我们来看一组例子。

```
>>> a = 0.25
>>> print('已完成{:.1%}'.format(a))
已完成25.0%
```

如果使用 f'{变量}' 的形式，可以简写成：

```
>>> print(f'已完成{a:.1%}')
已完成25.0%
```

6.8 BMI指数

身体质量指数（Body Mass Index，BMI）是国际上常用的衡量人体胖瘦程度和是否健康的重要标准，主要用于统计分析。BMI=体重（单位kg）÷身高（单位m）的平方。

BMI参考标准见表6-4。

表6-4 BMI参考标准

BMI分类	WHO标准	亚洲标准	中国参考标准	相关疾病发病的危险性
偏瘦	< 18.5	< 18.5	< 18.5	低（但其他疾病危险性增加）
正常	18.5≤BMI < 25	18.5≤BMI < 23	18.5≤BMI < 24	平均水平

BMI分类	WHO 标准	亚洲标准	中国参考标准	相关疾病发病的危险性
偏胖	25≤BMI < 30	23≤BMI < 25	24≤BMI < 27	增加
肥胖	30≤BMI < 35	25≤BMI < 30	27≤BMI < 30	中度增加
重度肥胖	35≤BMI < 40	≥30	≥30	严重增加

不同人种的BMI标准也不一样，这里我们使用中国参考标准。程序编写如下。

```python
weight = eval(input('请输入体重（单位kg）: '))
height = eval(input('请输入身高（单位m）: '))
bmi = weight / (height ** 2)
print('BMI为{0:.2f}'.format(bmi))


if bmi < 18.5:
    print('偏瘦')
elif 18.5 <= bmi < 24:
    print('正常')
elif 24 <= bmi < 27:
    print('偏胖')
elif 27 <= bmi < 30:
    print('肥胖')
else:
    print('重度肥胖')
```

执行效果如图6-5所示。

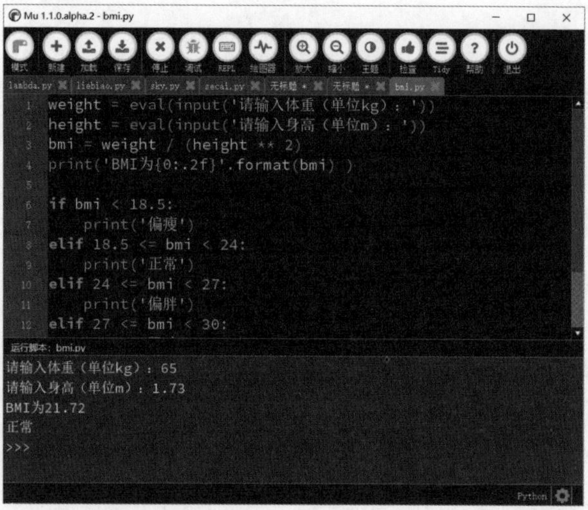

图6-5

上述程序中，print('BMI为{0:.2f}'.format(bmi))语句使用了字符串方法format，{0:.2f}为变量的占位符，冒号前面的0表示format方法参数的下标（从0开始），这里仅有一个参数，故0也可以省略，冒号后面的内容表示格式，.2f表示是一个两位小数。

6.9 math模块

在游戏编程中，我们常常要判断一个物体是否在另一个物体中，这个部分我们来编写一个类似的程序。首先要求用户输入圆心所在的位置和半径，再输入一个点的位置，然后显示出对应的图形，并判断点在圆内、圆上还是圆外。

在图6-6中，A点为圆心，B点为另一个点，计算这两点之间的距离，需要借助勾股定理。

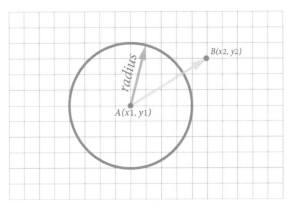

图6-6

构造一个直角三角形，两条直角边的长度分别为$x2-x1$和$y2-y1$，根据勾股定理，两条直角边平方之和等于斜边的平方，距离为$\sqrt{(x2-x1)^2+(y2-y1)^2}$，如图6-7所示。

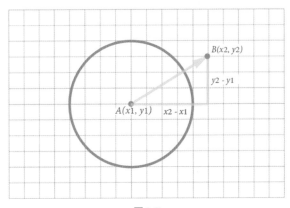

图6-7

math模块中的部分函数见表6-5。

表6-5　math模块中的部分函数

函数	描述
factorial(x)	返回 x 的阶乘
sqrt(x)	返回 x 的平方根
sin(x)	返回 x 的正弦值，x 是角度的弧度值
cos(x)	返回 x 的余弦值，x 是角度的弧度值
tan(x)	返回 x 的正切值，x 是角度的弧度值
degrees(x)	将 x 从弧度转换为角度
radians(x)	将 x 从角度转换为弧度
gcd(x, y)	返回两数的最大公因数
ceil(x)	返回大于或者等于 x 的最小整数
floor(x)	返回小于或者等于 x 的最大整数

math模块还定义了 pi 和 e 两个变量，它们分别是圆周率 π 和 e，可以在需要的时候使用这些变量。

```
>>> import math
>>> math.pi
3.141592653589793
```

如果对精确度要求不是很高，也可以根据需要保留两位小数。

```
>>> round(math.pi, 2)
3.14
```

例如，在计算圆形的面积时，可以使用下面的语句：

```
>>> s = math.pi * radius ** 2
```

算法描述如下：

提示用户输入圆形所在的位置和半径
绘制对应的圆形
提示用户输入点的坐标
绘制对应的点
计算圆形和圆点之间的距离
如果距离小于半径：
　　圆点在圆内
否则如果距离等于半径：

　　圆点在圆上
否则：
　　圆点在圆外

程序代码如下。

```
import turtle
import math
x1, y1 = eval(input('请输入圆心坐标，xy坐标中间用逗号隔开：'))
radius = eval(input('请输入圆形的半径：'))
def draw_circle(x = 0, y = 0, radius = 10):
    turtle.penup()
    turtle.goto(x, y - radius)
    turtle.pendown()
    turtle.circle(radius)
draw_circle(x1, y1, radius)

x2, y2 = eval(input('请输入点的坐标：'))
turtle.penup()
turtle.goto(x2, y2)
turtle.dot(8, 'green')

turtle.goto(0, 0 - radius - 40)
turtle.pendown()
d = math.sqrt((x2 - x1) ** 2 + (y2 - y1) ** 2)
if d < radius:
    turtle.write('点在圆内', align='center',font=('黑体', 14, 'normal'))
elif d == radius:
    turtle.write('点在圆上', align='center',font=('黑体', 14, 'normal'))
else:
    turtle.write('点在圆外', align='center',font=('黑体', 14, 'normal'))
turtle.hideturtle()
```

在上面的例子中，我们用到了math模块中的sqrt()函数，它可以用来求平方根。

sqrt和平方根有什么联系呢？

sqrt是square root的缩写，square是"平方"的意思，root是"根"的意思。

我们再来猜一个数学谜语：将植物种在一个正方体形状的容器里，你能得到什么？（猜一数学名词）

谜底是平方根，看下面的图，植物的根是不是又平又方呢？

在数学中，$\sqrt[n]{a} = a^{\frac{1}{n}}$，因此，$\sqrt[2]{a} = a^{\frac{1}{2}}$，d = math.sqrt((x2 - x1) ** 2 + (y2 - y1) ** 2)这句代码可以替换成：((x2 - x1) ** 2 + (y2 - y1) ** 2) ** 0.5。

6.10　注释与docstring

注释就是对代码的解释和说明，其目的是让人们能够更加轻松地了解代码。注释是编写程序时，写程序的人对一个语句、程序段、函数等的解释或提示，能提高程序代码的可读性。

在Python程序中，我们可以使用#编写单行的注释，写明作者姓名、开发版本、软件用途等，如图6-8和图6-9所示。

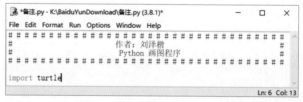

图6-8

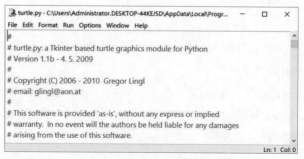

图6-9

　　另外，还有一种注释叫docstring，docstring是一个绝佳的解决方法，通过这种方式编写注释，写完的程序还能成为帮助文档。

　　docstring是一堆代码中的注释。不过，Python的docstring可以通过help()函数直接输出一份有格式的文档。docstring既是注释又是帮助文档，可谓一举两得。

　　我们来回忆一下海龟模块中setx()函数的使用，在turtle.py文件中，关于setx()函数的定义如图6-10所示。

图6-10

　　图6-10中，绿色的部分就是docstring，docstring使用三个双引号（"），三个双引号之间的内容就是docstring。在使用的时候，如果你想了解setx()函数的使用方法，输入help(turtle.setx)就能查看到相关的说明，如图6-11所示。

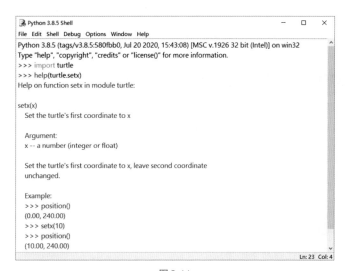

图6-11

这样，docstring既可以成为程序的备注，还能给用户提供帮助信息，实在是一举两得。docstring可以写在三个地方：模块、对象和函数。大家在编写函数的时候，可以使用这种方式。

6.11　蒙特卡罗方法

蒙特卡罗方法又称统计模拟法、随机抽样技术。

考虑平面上的一个面积为s的正方形及其内部的一个形状不规则的"图形"，如何求出这个"图形"的面积呢？蒙特卡罗方法是这样一种"随机化"的方法：向该正方形"随机地"投掷n个点，有m个点落于"图形"内，则该"图形"的面积近似为$m/n*s$，如图6-12所示。

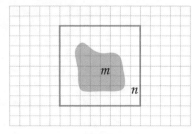

图6-12

蒙特卡罗方法的基本思想很早以前就被人们所发现和利用。早在17世纪，人们就知道用事件发生的"频率"来决定事件的"概率"。19世纪，人们用投针实验的方法来计算圆周率π。从理论上来说，蒙特卡罗方法需要大量的实验。实验次数越多，所得到的结果越精确。以蒲丰的投针实验为例，历史上的记录如表6-6所示。

表 6-6　历史上的蒲丰投针实验

实验者	时间	针长	投针次数	相交次数	π 的近似值
Wolf	1850 年	0.8	5000	2532	3.15956
Smith	1855 年	0.6	3204	1218	3.15665
Fox	1884 年	0.75	1030	489	3.15951
Lazzerini	1901 年	0.833	3408	1808	3.14159292

计算机技术的发展，使得蒙特卡罗方法在最近10年得到快速的普及。现代的蒙特卡罗方法，已经不必亲自动手做实验，而是借助计算机的高速运转能力，使得原本费时费力的实验过程，变成了快速和轻而易举的事情。

现在我们用计算机来完成这个过程，如果要求出圆周率，我们假设有一个带外接正方形的圆。圆形面积是 πr^2，外接正方形的面积为 $4r^2$，圆周率可用 $\dfrac{\pi r^2}{4r^2} \times 4$ 算出，即圆形面积/正方形面积 $\times 4$。

　　假设这个圆的半径为 1，那么圆的面积就为 $\pi \times 1 \times 1 = \pi$，正方形的面积为 4。正方形内随机产生 1000000 个点，使用 m 表示落入圆内点的个数，如图 6-13 所示。

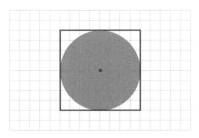

图6-13

```python
import random
n = 1000000
m = 0
for i in range(n):
    x = random.uniform(-1, 1)
    y = random.uniform(-1, 1)
    if x * x + y * y <= 1:
        m += 1
pi = m / n * 4
print(pi)
```

图 6-14 所示为图形版本。

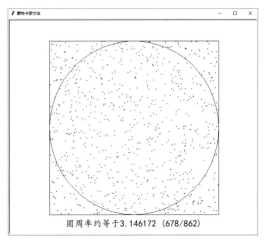

图6-14

```python
import turtle, random

turtle.tracer(0)
turtle.title('蒙特卡罗方法')
r = 260
FONT = ('楷体', 20, 'normal')

tLabel = turtle.Turtle()
tLabel.hideturtle()
tLabel.penup()
tLabel.goto(0, -r - 40)

t = tLabel.clone()
t.goto(0, -r)
t.pendown()
t.circle(r)
for i in range(4):
    t.forward(r)
    t.left(90)
    t.forward(r)
t.penup()

m, n = 0, 0
while True:
    n += 1
    x = r * random.uniform(-1, 1)
    y = r * random.uniform(-1, 1)
    t.goto(x, y)
    if x ** 2 + y ** 2 <= r ** 2:
        m += 1
        t.dot(3, 'red')
    else:
        t.dot(3, 'blue')

    pi = m / n * 4
    tLabel.clear()
    tLabel.write(f'圆周率约等于{pi:.6f} ({n}/{m})', align='center',
font=FONT)
    turtle.update()
```

6.12　海龟的自由行走

我们来制作一个海龟自由行走的效果图，如图6-15所示。同时利用colorsys模块，实现色彩的逐步变化。

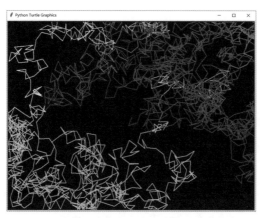

图6-15

程序算法描述如图6-16所示。

```
重复执行2000次：
    设置海龟的朝向为0°～359°随机
    前进指定的步数
    如果海龟的x坐标绝对值大于屏幕宽度
    或者y坐标绝对值大于屏幕高度：
        后退指定步数
```

图6-16

程序代码如下。

```python
import turtle
from random import randint
from colorsys import hsv_to_rgb

step = 30
n = 2000
hinc = 1.0 / n
turtle.width(2)

(w, h) = turtle.screensize()
turtle.speed('fastest')
turtle.bgcolor('black')
```

```
turtle.colormode(1.0)
hue = 0.0
for i in range(n):
    turtle.setheading(randint(0, 359))
    turtle.color(hsv_to_rgb(hue, 1.0, 1.0))
    hue += hinc
    turtle.forward(step)
    (x, y)=turtle.pos()
    if abs(x) > w or abs(y) > h:
        turtle.backward(step)
```

如果我们将海龟朝向设置为0°、90°、180°和270°中的任意一个，能得到不一样的效果。程序算法描述如图6-17所示。

重复执行2000次：
设置海龟的朝向为0°、90°、180°和270°随机
前进10~30随机
如果海龟的x坐标绝对值大于屏幕宽度
或者y坐标绝对值大于屏幕高度：
后退指定步数

图6-17

绘制出来的图案如图6-18所示。

图6-18

全部代码如下。

```
import turtle
from random import randint
from colorsys import hsv_to_rgb
```

```
step = 30
n = 2000
hinc = 1.0 / n
turtle.width(2)
turtle.tracer(0)
(w, h) = turtle.screensize()
turtle.speed('fastest')
turtle.bgcolor('black')
turtle.colormode(1.0)
hue = 0.0
for i in range(n):
    turtle.setheading(randint(0, 3) * 90)
    turtle.color(hsv_to_rgb(hue, 1.0, 1.0))
    hue += hinc
    turtle.forward(randint(10, 30))
    (x, y)=turtle.pos()
    if abs(x) > w or abs(y) > h:
        turtle.backward(step)
```

6.13 平移动画

动画或者电影的发明，是利用了人眼的"视觉暂留现象"。

人眼在观察物体时，如果物体突然消失，影像依旧会在视网膜上保留1/10秒左右的时间，在这个短暂的时间里，如果紧接着又出现第二个影像，这两个影像就会连接在一起，融为一体，构成一个连续的影像，即"视觉暂留现象"，如图6-19所示。

图6-19

在海龟画图中，如果从屏幕的左边开始，依次绘制一个正方形，在显示很短的时候，利用turtle.clear()方法将其清除，然后向右移动一定的位置，在此显示出来，这样就实现了动画的效果，如图6-20所示。

程序代码如下。

```
import turtle
```

```
import time

turtle.setup(600,400)
turtle.tracer(0)
turtle.speed(0)
turtle.width(3)
turtle.hideturtle()
turtle.penup()
turtle.goto(-350, 0)
turtle.pendown()

def draw_square() :
    for i in range(4) :
        turtle.forward(100)
        turtle.left(90)

while True :
    turtle.clear()
    draw_square()
    turtle.forward(1)
    time.sleep(1/60)
    turtle.update()
```

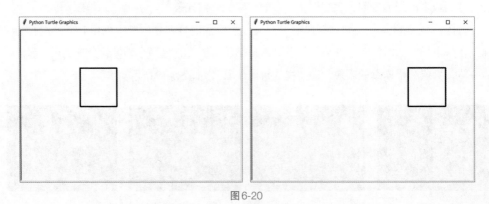

图 6-20

在上面的代码中，draw_square() 函数用于绘制正方形图案。使用time模块中的time. sleep(1/60)函数，将画面暂停1/60秒，清除后再显示下一个画面。

6.14 三角形滚动动画

你想看看三角形的车轮在地面行走的效果吗？让我们通过动画来实现吧，如图6-21所示。

图6-21

如图6-22所示，算法描述如下：

定义绘制三角形的函数
重复执行4次：
海龟方向变化范围180°到60°：
　　　设置海龟方向
　　　绘制三角形

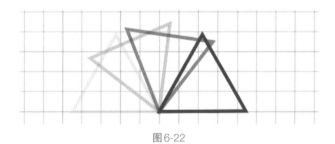

图6-22

程序代码如下。

```python
import turtle
import time

def triangle():
    for i in range(3):
        turtle.forward(100)
        turtle.right(120)

a = 100          #边长
turtle.setup(800,300)
turtle.tracer(0)
turtle.hideturtle()
turtle.setx(-200)
turtle.pensize(4)
```

```
for x in range(4):
    for angle in range(180, 60-1, -2):
        turtle.clear()
        turtle.setheading(angle)
        triangle()
        time.sleep(1/100)
        turtle.update()
    turtle.setx(turtle.xcor() + a)
    turtle.setheading(180)
```

第7章

面向对象与面向过程

设计程序有面向对象和面向过程两种方法，面向过程编程是一种以事件为中心的编程思想，就是分析出解决问题所需的步骤，然后用函数实现这些步骤，并按顺序调用。到目前为止，我们编写的程序本质上是面向过程的。

面向过程编程关注创建函数或过程，而面向对象编程则关注创建对象。类是定义特定对象的属性和方法的代码。类与对象的概念看上去非常复杂，实际上从我们第一天使用Python语言开始，我们就在跟类与对象打交道。比如在Python中，一切数据都是对象，如5、4、-1等，这些都是对象，在交互模式下输入type(5)，返回结果是<class 'int'>，这里的class就是类的意思，表示数字5属于int类，5、4、-1都是int类的一个实例。前面绘图使用的海龟，也是一个对象。

学习目标

- 初步理解类与对象，会创建Screen类和Turtle类对象。
- 学会使用Visual Studio Code编程软件，能利用多个Turtle类对象绘制图案。
- 会定义类，掌握类的继承。

类（Class）用来描述具有相同的属性和方法的对象的集合。它定义了该集合中每个对象所共有的属性和方法。比如，饼干的模具就可以看成是类，它定义了饼干的形状、大小，但它自身并不是饼干。

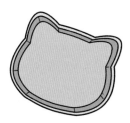

对象是类的实例。我们可以创建一个类的多个对象，创建类的实例的过程被称为实例化。术语对象和实例经常是可以互换的。如图7-1所示，饼干可以看成是类的实例，也就是对象。每个饼干都具有同样的外形和大小，但每个饼干又可以拥有不同的表情特征，如图7-1所示。

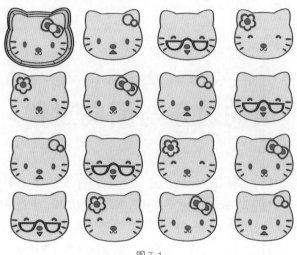

图7-1

图7-2所示是Python安装目录中turtle.py文件关于Turtle类的定义。注意：这里类名的第一个字母是大写的，这样容易与函数区分开来。

图7-2

在程序中，调用Turtle()可以创建并返回一个新的海龟对象，从上面的定义中还能看出调用Pen()与调用Turtle()效果一样。本章我们将使用更为专业的编程环境——Visual Studio Code，也称VS Code（当然，你也可以继续使用原来的编辑环境）。下面首先来下载和安装该软件。

7.1　安装 Visual Studio Code

Visual Studio Code 是微软公司推出的针对于编写现代 Web 和云应用的跨平台源代码编辑器。

安装 Python 3 解释器，我们在第 1 章已经介绍过了。

下载 VS Code，如图 7-3 所示。

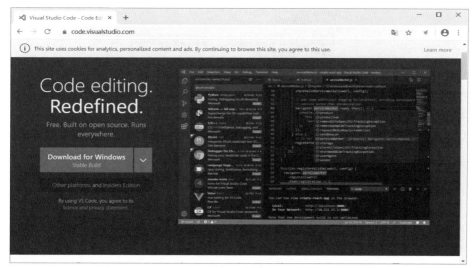

图 7-3

双击下载的安装文件，如图 7-4 所示，选择"我接受协议"，单击"下一步"按钮。

选中窗口中的四个选项，如图 7-5 所示，单击"下一步"按钮。

VSCodeUs...

图 7-4

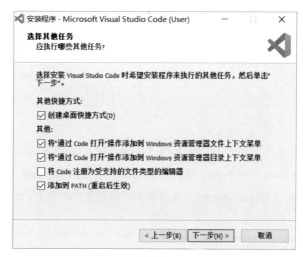

图 7-5

在弹出的窗口中单击"安装"按钮，如图 7-6 所示。

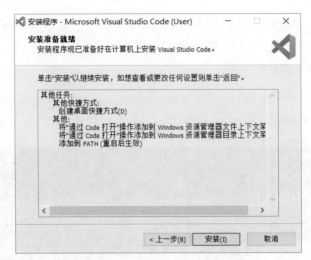

图 7-6

出现图 7-7 所示的窗口表示安装成功，这时我们就可以启动该程序了。

图 7-7

接下来我们还要依次安装中文扩展、Python 扩展，如需要在 VS Code 中编写 Python 程序，我们还需要告诉 VS Code 使用的解释器。在 VS Code 中，按 Ctrl+Shift+P 组合键打开命令面板，输入指令 Python: Select Interpreter，在寻找到的解释器中，单击"Python: 选择解析器"，如图 7-8 所示。

单击"Got it"按钮，如图 7-9 所示。

图7-8

图7-9

配置完毕后，在左下角的状态栏中，可以看到当前使用的Python解释器。

如果计算机中安装有多个解释器，可以在左下角Python解释器位置单击，然后选择其他版本的解释器。

接下来设置文件夹。如图7-10所示，单击"打开文件夹"按钮。

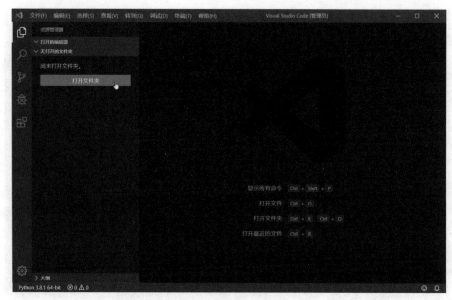

图 7-10

新建一个文件夹，作为今后存放程序的地址，这里建立的是"我的 Python"文件夹，如图 7-11 所示。

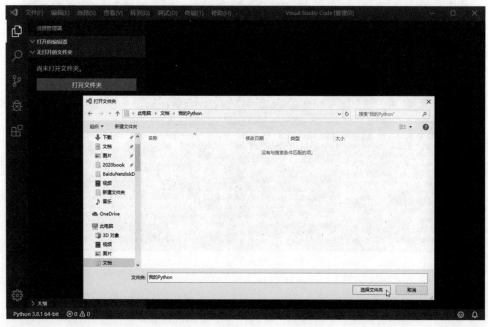

图 7-11

单击"新建文件"超链接，如图 7-12 所示。

图 7-12

输入程序后，选择"文件"菜单下的"保存"命令，给文件命名，同时设置文件类型为 Python，如图 7-13 所示，单击"保存"按钮。

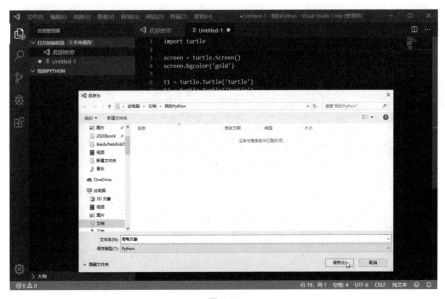

图 7-13

单击右上角的"运行"按钮后，会出现"Linter pylint is not installed"提示框，如图 7-14 所示。Pylint 是一个 Python 工具，除了具有代码分析工具的作用之外，它还提供了更多的功能，如检查一行代码的长度，变量名是否符合命名标准，一个声明过的接口是否被真正实现等。

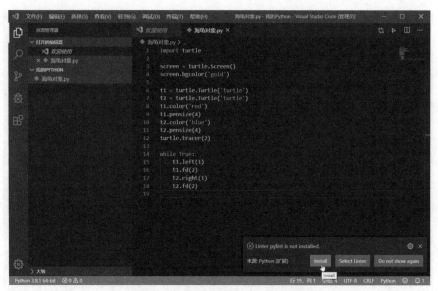

图 7-14

不过，当单击"Install"按钮后，常常会显示错误信息，如图 7-15 所示。这时需要升级 pip。

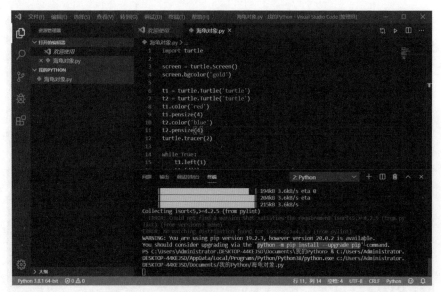

图 7-15

在工具栏左侧搜索框中输入 cmd，打开命令提示符，输入 python -m pip install --upgrade pip，按回车键开始升级，如图 7-16 所示。

图 7-16

7.2 多只海龟同时工作

在使用 turtle 模块画图的时候，通常都要创建 Screen 对象和 Turtle 对象。不过，turtle 模块提供了面向对象和面向过程两种形式的海龟绘图基本组件。过程式接口提供与 Screen 和 Turtle 类的方法相对应的函数。函数名与对应的方法名相同。当 Screen 类的方法对应的函数被调用时会自动创建一个 Screen 对象。比如，调用 turtle.bgcolor() 函数将自动创建一个 Screen 对象。当 Turtle 类的方法对应的函数被调用时会自动创建一个 Turtle 对象，这个对象是匿名的。我们可能无法感觉到它的存在，但它的确在发挥作用。

如果屏幕上需要有多个海龟，就必须使用面向对象的接口。下面我们来介绍这两个类。

- turtle.Turtle()：创建一个海龟。它是 RawTurtle 的子类，两者具有相同的接口，但 Turtle 类的绘图场所为默认的 Screen 类对象，在首次使用时自动创建。该类对象在 Screen 实例上绘图，如果实例不存在，则会自动创建。

- turtle.Screen()：新建一个 Screen 类对象，该类定义图形窗口作为绘图海龟的运动场所，提供了面向屏幕的方法如 setbg() 等。

下面我们同时启动两只海龟绘图，效果如图 7-17 所示。

程序代码如下。

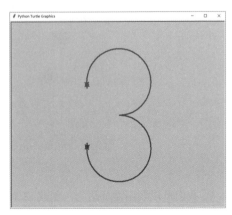

图 7-17

```
import turtle

screen = turtle.Screen()
screen.bgcolor('gold')

t1 = turtle.Turtle('turtle')
t2 = turtle.Turtle('turtle')
t1.color('red')
t1.pensize(4)
t2.color('blue')
t2.pensize(4)
turtle.tracer(2)

while True:
    t1.left(1)
    t1.fd(2)
    t2.right(1)
    t2.fd(2)
```

在上面的例子中，screen = turtle.Screen()新建一个Screen类对象screen，然后分别利用turtle.Turtle('turtle')创建两个海龟对象，括号内的参数同时指定海龟的形状为'turtle'。如未设置参数，则使用默认形状。

你能利用多只海龟，绘制图7-18所示类似时钟钟面的图案吗？

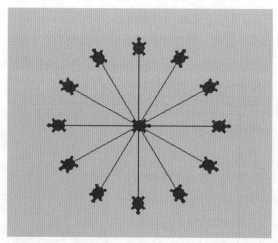

图7-18

我们可以利用循环语句，创建12个海龟对象，将其存放到列表里，然后分别指挥列表中的12只海龟按指定的角度前进。

程序代码如下。

```
import turtle

screen = turtle.Screen()
screen.bgcolor('gold')

turtle_list = []

for i in range(12):
    t = turtle.Turtle()
    t.color('blue')
    t.shape('turtle')
    turtle_list.append(t)

for i in range(12):
    turtle_list[i].setheading(i * 30)
    turtle_list[i].forward(100)
```

多海龟对象画图还能制作出更多有用的项目，期待大家设计出更加有意思的作品。

7.3　使用方向键控制海龟行走

在本例中，我们用上、下、左、右方向键控制海龟的行走，如图 7-19 所示。这里要用到的方法为 onkey()，使用方法如下：

```
turtle.onkey(fun, key)
```

参数解释如下。
- fun：一个无参数的函数或 None。
- key：一个字符串，即键（如 "a"）或键标（如 "space"）。

绑定 fun 指定的函数到按键释放事件。如果 fun 值为 None，则移除事件绑定。注：为了能够注册按键事件，TurtleScreen 必须得到焦点。例如：

```
>>> def f():
...     fd(50)
...     lt(60)
...
>>> screen.onkey(f, "Up")
>>> screen.listen()
```

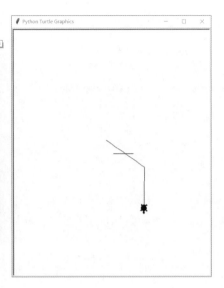

图 7-19

程序代码如下。

```python
import turtle

t = turtle.Turtle()
t.shape('turtle')

screen = turtle.Screen()

# 为四个方向键定义函数
def go_left():
  t.left(7)

def go_right():
  t.right(7)

def go_forward():
  t.forward(10)

def go_backward():
  t.backward(10)

screen.onkey(go_left, 'Left')
screen.onkey(go_right, 'Right')
screen.onkey(go_forward, 'Up')
```

```
screen.onkey(go_backward, 'Down')

screen.listen()
turtle.done()
```

7.4　单击鼠标移动海龟位置

现在我们用鼠标单击来移动海龟的位置，如图 7-20 所示。要实现这个功能，需要利用 onclick() 方法，具体描述如下：

```
turtle.onclick(fun, btn=1, add=None)
```

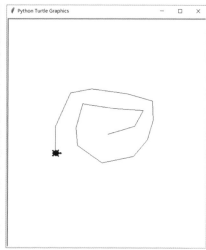

图 7-20

参数解释如下。

- fun：一个函数，调用时将传入两个参数表示在画布上单击的坐标。
- btn：鼠标按钮编号，默认值为 1（鼠标左键）。
- add：True 或 False，如为 True，将添加一个新绑定，否则将取代先前的绑定。

绑定 fun 指定的函数到鼠标单击屏幕事件。如果 fun 值为 None，则移除现有的绑定。

以下示例使用一个 turtleScreen 实例 screen 和一个 Turtle 实例 t1：

```
>>> import turtle
>>> t1 = turtle.Turtle()
>>> screen = turtle.Screen()
>>> screen.onclick(turtle.goto)
```

试试看，在海龟窗口中单击，海龟能移动到单击的位置。使用下面的句子可以移除绑定的事件。

```
>>> screen.onclick(None)
```
我们要编写的实例程序如下。

```
import turtle

t1 = turtle.Turtle()
t1.shape('turtle')

screen = turtle.Screen()

# 定义一个函数，用于告诉海龟需要到达的x坐标和y坐标
def on_screen_click(x, y):
  screen.tracer(0)
  t1.goto(x, y)
  screen.tracer(1)

# 当屏幕上检测到单击事件时，将运行on_screen_click()函数
# 同时会将x坐标和y坐标传递给该函数
screen.onclick(on_screen_click)
turtle.done()
```

上面的例子中，可以在屏幕的不同位置单击，然后将该点与原来的点连接起来。下面我们通过海龟来实现绘图功能。

```
import turtle

t1 = turtle.Turtle()
t1.shape('turtle')

screen = turtle.Screen()

def on_drag_function(x,y):
  screen.tracer(0)
  t1.goto(x,y)
  screen.tracer(1)

t1.ondrag(on_drag_function)

turtle.done()
```

　　与上面类似，当海龟检测到拖动事件时，将运行on_drag_function ()函数，同时将 *x* 坐标
和 *y* 坐标传递给该函数。

7.5　定义类

　　使用类有助于降低复杂性，易复用，易扩展，设计的系统更加灵活，也更加易于维护。
我们有必要创建类来存储每种需要保存的数据，在开始编程之前，我们需要设计好这些类。

　　Python中使用class关键字创建类，每个定义的类都有一个特殊的方法，名为__init__()，
该方法前后各有两个下划线，可以通过这个方法控制如何初始化对象。类中方法的定义与函
数的定义类似，如图7-21所示。

```python
class Circle:
    #初始化

    def __init__(self, r = 1):
        self.r = r

    #方法
    def getArea(self):
        return 3.14 * self.r ** 2
```

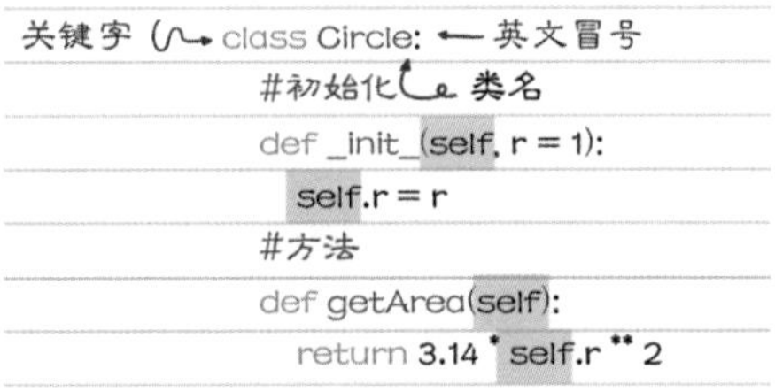

图 7-21

　　Python编程规范：模块级函数和类定义之间空两行；类成员函数之间空一行，如下所示。

```python
class A:

    def __init__(self):
        pass

    def hello(self):
        pass
```

　　Python命名规范：类名使用驼峰（CamelCase）命名风格。驼峰式命名法就是当变量名

或函数名是由一个或多个单词连接在一起而构成的唯一识别字时，第一个单词以小写字母开始，第二个单词的首字母大写，或每一个单词的首字母都采用大写字母，如 MyTank。这样的变量名看上去就像骆驼峰一样此起彼伏，故得名。

有了类之后，创建对象就简单了。

```
c1 = Circle(4)
print(c1.r)
print(c1.getArea())
```

Python 的类初始化方法为 __init__()，其第一个参数为 self 代指对象自身，其后为各个参数，初始化就是将传入的参数赋值给对象的属性。self 参数可以帮助标识要处理哪个对象实例的数据。实际上，不仅 __init__() 方法需要 self 作为它的第一个参数，类中定义的所有其他方法也是如此。

一、模块管理

为了方便分类管理 Python 中的类和方法，需要将代码放在不同的文件中，每个文件构成了一个独立的模块，不同模块之间相同的变量名不会引起命名冲突。但是，如果在文件 a.py 中希望使用文件 b.py 中的函数 func1，则可以通过 import 在 a 中导入模块 b，并通过 b.func1() 调用该方法；或者通过 from 直接引入模块中的函数。在引入时为了防止命名冲突，可以通过 as 为引入的函数起个别名。

二、object 类

Python 中所有类都派生自 object 类，如果一个类没有指定它的父类，那么它的父类默认是 object 类。

例如：

```
class Circle:
    #初始化
    def __init__(self, r = 1):
        self.r = r
    #方法
    def getArea(self):
        return 3.14 * self.r ** 2
```

与

```
class Circle(object):
    #初始化
    def __init__(self, r = 1):
        self.r = r
    #方法
```

```
def getArea(self):
    return 3.14 * self.r ** 2
```

完全一样。

7.6　继承

如果已经有了一个设计好的类，我们可以继承该类的公有成员，并在此基础上增加新的成员属性和成员方法。继承可以减少开发的工作量，实现代码的复用，如图7-22所示。

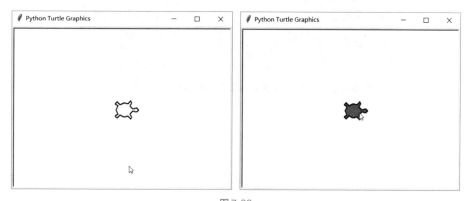

图 7-22

通过继承创建的新类称为"子类"或"派生类"，被继承的类称为"基类""父类"或"超类"，继承的过程就是从一般到特殊的过程。例如：

```
import turtle

class MyTurtle(turtle.Turtle):
    def glow(self,x,y):
        self.fillcolor('red')
    def unglow(self,x,y):
        self.fillcolor('')

turtle = MyTurtle()
turtle.shape('turtle')
turtle.shapesize(2,2,2)
turtle.onclick(turtle.glow)       # 单击海龟，填充色改为红色
turtle.onrelease(turtle.unglow)   # 松开鼠标，设置填充色为透明
```

为了方便观察，我们将海龟的尺寸设置为原来的2倍，图7-23所示的代码中，class MyTurtle(turtle.Turtle)定义了一个名为MyTurtle的类，它继承了turtle.Turtle类。MyTurtle类

是子类，Turtle 类是父类。由于 MyTurtle 类扩展了 Turtle 类，它继承了 Turtle 类的所有方法和数据属性，如图 7-24 所示。

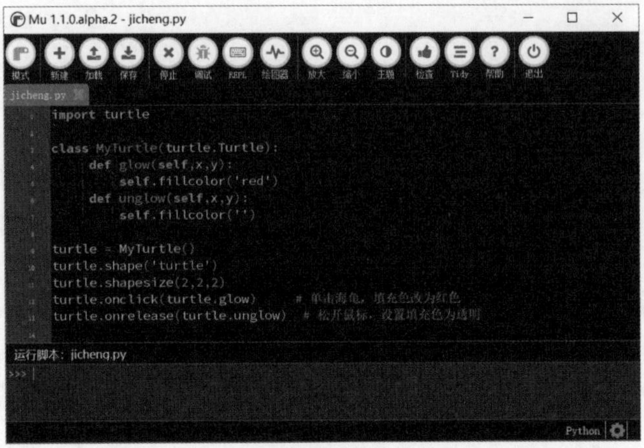

图 7-23

图 7-24

除此之外，它还有 glow()、unglow() 两个新的方法用于实施发光效果。

如果有必要，我们还可以在子类中增加新的数据域。

```python
class GlowTurtle(turtle.Turtle):
    def __init__(self):
        super().__init__()
        self.pencolor("red")
        self.pencolors = ["red","goldenrod", "purple", "pink"]
        self.fillcolors = ["yellow", "black"]
    def glow(self,x,y):
        self.fillcolor(self.fillcolors[0])
    def unglow(self,x,y):
        self.fillcolor(self.fillcolors[1])
    def new_color(self):
```

```
self.color(random.choice(self.pencolors))
```

super().__init__()调用父类的__init__()方法。

说明：也可以使用下面的语句调用父类的__init__()方法。

```
turtle.Turtle.__init__(self)
```

这是一种较老的语法，不建议大家使用。super()指向父类，每当使用super()来调用一个方法时，不需要传递self参数，我们可以直接使用super().__init__()，而不能是super().__init__(self)。

从上面的例子中可以看出，子类并不是父类的一个子集，子类通常比父类包含更多的数据和方法。

7.7　综合实践

下面我们综合利用前面学习的知识，制作绘图程序。通过鼠标拖动海龟的位置，能够在屏幕上绘图，按C键还可以随机改变画笔的颜色，如图7-25所示。

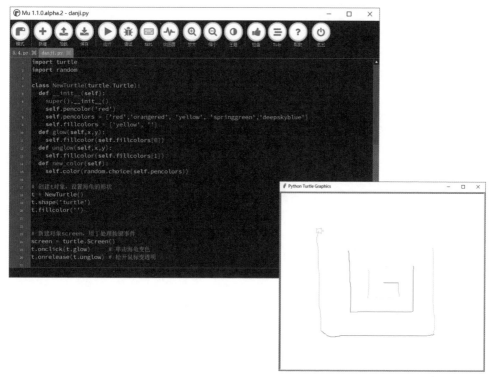

图7-25

完整代码如下。

```
import turtle
import random

class NewTurtle(turtle.Turtle):
    def __init__(self):
        super().__init__()
        self.pencolor('red')
        self.pencolors = ['red','orangered', 'yellow', 'springgreen',
'deepskyblue']
        self.fillcolors = ['yellow', '']
    def glow(self,x,y):
        self.fillcolor(self.fillcolors[0])
    def unglow(self,x,y):
        self.fillcolor(self.fillcolors[1])
    def new_color(self):
        self.color(random.choice(self.pencolors))

# 创建t对象，设置海龟的形状
t = NewTurtle()
t.shape('turtle')
t.fillcolor('')

# 新建对象screen，用于处理按键事件
screen = turtle.Screen()
t.onclick(t.glow)        # 单击海龟变色
t.onrelease(t.unglow)  # 松开鼠标变透明

def go_left():
    t.left(7)

def go_right():
    t.right(7)

def go_forward():
    t.forward(10)

def go_backward():
    t.backward(10)
```

```
screen.onkey(go_left, 'Left')
screen.onkey(go_right, 'Right')
screen.onkey(go_forward, 'Up')
screen.onkey(go_backward, 'Down')

# 当C键按下时，改变颜色
screen.onkey(t.new_color, 'c')

def on_drag_function(x,y):
  screen.tracer(0)
  t.goto(x,y)
  screen.tracer(1)

t.ondrag(on_drag_function)

# 定义方法用于移动鼠标
def on_screen_click(x, y):
  screen.tracer(0)
  t.goto(x, y)
  screen.tracer(1)
  screen.onclick(on_screen_click)

# 屏幕检测鼠标事件
screen.listen()
turtle.done()
```

7.8　改变海龟的形象

海龟可以使用的形状有 'turtle' 'triangle' 'square' 'circle' 'arrow' 'classic' 等，除了这些形状之外，还可以使用GIF图片作为形状。本例中，我们将海龟的形状设置为火箭，同时选择一个夜空的背景，通过方向键控制火箭的位置，如图7-26所示。

完整代码如下。

```
import turtle

screen = turtle.Screen()
screen.setup(800, 600)
screen.bgpic("yekong.gif")
screen.addshape("huojian.gif")
```

图7-26

```
turtle.shape("huojian.gif")
move_speed = 10
turn_speed = 10

def up():
    turtle.setheading(90)
    turtle.forward(move_speed)

def down():
    turtle.setheading(270)
    turtle.forward(move_speed)

def left():
    turtle.setheading(180)
    turtle.forward(move_speed)

def right():
    turtle.setheading(0)
    turtle.forward(turn_speed)

turtle.penup()
turtle.speed(0)
turtle.home()
screen.onkey(up, "Up")
screen.onkey(down, "Down")
screen.onkey(left, "Left")
```

```
screen.onkey(right, "Right")
screen.listen()
```

上面的程序中，首先定义了 up()、down()、left() 和 right() 4 个函数，用于设置海龟的方向，并朝这个方向前进一定的步数。

接下来将屏幕对象绑定对应的事件。当 Up 键按下时执行 up() 函数，当 Down 键按下时执行 down() 函数。

7.9　双画布

使用 TurtleScreen 和 RawTurtle 在两个分离的窗口绘制图案，如图 7-27 所示。

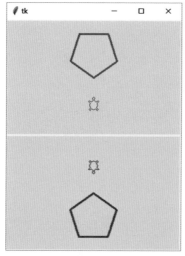

图 7-27

程序代码如下。

```
from turtle import TurtleScreen, RawTurtle, TK

def main():
    root = TK.Tk()
    cv1 = TK.Canvas(root, width=300, height=200, bg="#ddffff")
    cv2 = TK.Canvas(root, width=300, height=200, bg="#ffeeee")
    cv1.pack()
    cv2.pack()

    s1 = TurtleScreen(cv1)
    s1.bgcolor(0.85, 0.85, 1)
```

```
    s2 = TurtleScreen(cv2)
    s2.bgcolor(1, 0.85, 0.85)

    p = RawTurtle(s1)
    q = RawTurtle(s2)

    p.color("red", (1, 0.85, 0.85))
    p.width(3)
    q.color("blue", (0.85, 0.85, 1))
    q.width(3)

    for t in p,q:
        t.shape("turtle")
        t.lt(36)


    q.lt(180)

    for t in p, q:
        t.begin_fill()
    for i in range(5):
        for t in p, q:
            t.fd(50)
            t.lt(72)
    for t in p,q:
        t.end_fill()
        t.lt(54)
        t.pu()
        t.bk(50)


    return "EVENTLOOP"

if __name__ == '__main__':
    main()
TK.mainloop()   # 保持窗口处于打开状态
```

7.10 使用配置文件简化编程

每次在编写程序的时候，我们都需要设置背景色、画笔颜色、窗口标题、海龟形状等，我们也可以建立一个配置文件，将这些配置保存在这个文件里面，以后编写程序的时候可以直接使用这些配置。

打开记事本，输入下面的文本：

```
width = 800
height = 600
leftright = None
topbottom = None
canvwidth = 400
canvheight = 300
mode = standard
colormode = 255
delay = 10
undobuffersize = 1000
shape = turtle
pencolor = aqua
fillcolor = gray
resizemode = noresize
visible = True
exampleturtle = turtle
examplescreen = screen
title = Python Turtle Graphics
```

选择"文件"菜单下的"保存"命令，如图7-28所示，将保存类型修改为"所有文件"，将其保存为turtle.cfg文件，存放在自己编写的Python程序同一目录中。

图7-28

这样在编程的时候，能减少很多工作量，如图7-29所示，我们没有在程序中设置窗口标题、海龟形状、画笔颜色等，但都按预定效果显示出来了。

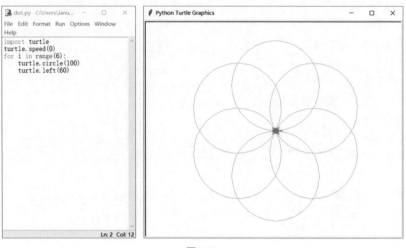

图7-29

如果配置文件中和自己的程序中都设置了画笔颜色，那么优先使用自己程序中的设置。

7.11　接苹果

在这个例子中，我们使用海龟模块来制作一款游戏。屏幕上方不断掉下苹果，鼠标按住篮子，拖动篮子的位置，接到苹果加分，否则就要扣分，在屏幕下方中间位置显示游戏的得分，如图7-30所示。

图7-30

程序代码如下。

```
import turtle, time
from random import randrange

screen = turtle.Screen()
screen.setup(800, 800)
screen.bgpic('sky.gif')

turtle.tracer(0)
model = turtle.Turtle()
t.hideturtle()
t.penup()

FPS = 30    # 每秒30帧刷新率
FREQ = FPS // 2  # 平均每秒生成2个苹果

# 接苹果的篮子
turtle.addshape('basket', ((-100, 0), (100, 0), (0, -25)))
basket = t.clone()
basket.shape('basket')
basket.setheading(90)
basket.ondrag(basket.goto)   # 把goto函数绑定到鼠标拖动事件上
basket.showturtle()

# 用来显示苹果的印模
mould = t.clone()
apple.color('red')
apple.shape('circle')

# 得分显示
board = t.clone()
board.goto(0, -350)
board.color('black')

apples = []
score = 0
while True:
    apple.clearstamps()
    if randrange(FREQ) == 0:
        # 生成苹果[x, y, s]加入列表，s是一次下落高度
```

```
            apples.append([randrange(-350, 350), 400, 5 + randrange(10)])

    b_x, b_y = basket.pos()
    for apple in apples:
        # 苹果下落，并用印模画出苹果
        apple[1] -= apple[2]
        apple.goto(apple[0], apple[1])
        apple.stamp()
        # 判断苹果的位置
        if abs(apple[0] - b_x) <= 100 and 0 <= apple[1] - b_y <= 25:
            # 篮子碰上了苹果，加分
            score += 10
            apples.remove(apple)
        elif apple[1] < -400:
            # 苹果掉出底线，没接到，减分
            score -= 100
            apples.remove(apple)

    board.clear()
    board.write(f'得分：{score}', align = 'center', font=('楷体', 30,
'normal'))
    turtle.update()
    time.sleep(1 / FPS)
```

附录

turtle 模块常见函数

海龟运动	
移动与绘图	
forward（距离）| fd（距离）	将海龟向前移动指定的距离
backward（距离）| bk（距离）	将海龟向后移动指定的距离
right（角度）| rt（角度）	将海龟向右旋转指定的角度
left（角度）| lt（角度）	将海龟向左旋转指定的角度
goto(x, y) | setpos(x, y) | setposition(x, y)	将海龟移动到（x, y）数对指定的位置
setx(x)	改变海龟的 x 坐标
sety(y)	改变海龟的 y 坐标
setheading（角度）| seth（角度）	设置海龟的方向
home()	移动海龟到原点（0, 0）
circle（半径）	制作半径为 radius 的圆形
dot（直径，颜色）	按指定的直径和颜色画圆点
stamp()	在当前位置以海龟的形状加印章
clearstamp()	清除印章
clearstamps()	批量清除印章
undo()	撤销
speed（速度）	设置海龟的速度（0~10）
获取海龟的状态	
position() | pos()	返回海龟当前的位置（x, y）
towards(x, y)	以当前位置为中心，返回海龟当前位置到指定点（x, y）之间的直线与海龟初始方向之间的夹角
xcor()	返回 x 坐标
ycor()	返回 y 坐标

heading()	返回海龟的角度方向
distance(x, y)	返回海龟位置到 (x, y) 之间的距离
画笔控制	
画图状态	
pendown() | pd() | down()	落笔，这样在移动的时候会画图
penup() | pu() | up()	提笔，这样在移动的时候不会画图
pensize（宽度）| width（宽度）	设置画笔的宽度，决定了线条的粗细
pen()	获取画笔的所有信息
isdown()	如果画笔落下，返回 True
颜色控制	
color（线条颜色，填充颜色）	同时设置线条颜色和填充颜色
pencolor（线条颜色）	设置线条颜色
fillcolor（填充颜色）	设置填充颜色
填充	
filling()	返回当前的填充状态
begin_fill()	开始填充状态
end_fill()	结束填充状态
更多画图控制	
reset()	清除画图内容，海龟返回原点
clear()	清除画图内容，海龟位置不变

write（文字，移动与否，对齐方式，字体）
例子：
`write('你好', False, align="left",`
`font=("黑体", 8, "normal"))`
	在海龟当前位置显示文字

海龟状态	
可见设置	
showturtle() | st()	显示海龟
hideturtle() | ht()	隐藏海龟
isvisible()	如果海龟可见，返回 True
外观	
shape（形状） 提供的选择有 "arrow" "turtle" "circle" "square" "triangle" "classic"	设置海龟的形状

续表

resizemode（模式）	设置海龟的大小是否跟随画笔变化
使用事件：给海龟绑定鼠标单击事件	

onclick（执行函数）
例子：
`>>> def drawcircle(x, y):`
`...    circle(180)`
`...`
`>>> onclick(drawcircle)`
	首先定义drawcircle()函数，然后给海龟绑定鼠标单击事件，当海龟被单击时将执行drawcircle()函数

onrelease()	给海龟绑定松开鼠标键的事件
ondrag() 例子： `ondrag(goto)`	实现海龟可拖动
屏幕、窗口控制	
窗口控制	

bgcolor()
例子：
`>>>bgcolor("orange")`
`>>>bgcolor()`
`'orange'`
	设置背景色或获取背景色

bgpic()
例子：
`>>>bgpic("landscape.gif")`
`>>>bgpic()`
`"landscape.gif"`
	设置背景图片或返回当前背景图片的文件名，支持GIF格式的图片文件

screensize()
例子：
`>>>screensize(2000,1500)`
`>>>screensize()`
`(2000, 1500)`
	获取或设置画布的大小

动画控制	

delay()
例子：
`>>>delay(5)`
`>>>delay()`
`5`
	获取或设置延迟时间（单位：ms）

续表

tracer() 例子： `tracer(8, 25)` 每8个画面刷新一次，对复杂图案可以提高绘图速度，25为延迟时间	打开或关闭海龟画图的动画效果，设置刷新画面的时间
update()	刷新屏幕，在tracer关闭的时候使用
<div align="center">使用屏幕事件</div>	
listen()	设置焦点在海龟屏幕上，用于侦测按键事件

onkey() | onkeyrelease()
例子：
`>>> def f():`
`...    fd(50)`
`...    lt(60)`
`...`
`>>>onkey(f, "Up")`
`>>>listen()`
	绑定函数到按键松开事件，必须配合listen()函数使用

onkeypress()	绑定函数到按键按下事件

onclick() | onscreenclick()
例子：
`>>>onclick(goto)`
`>>>onclick(None)`
	给绘图屏幕增加鼠标单击事件

ontimer()
例子：
`>>> running = True`
`>>> def f():`
`...    if running:`
`...       fd(50)`
`...       lt(60)`
`...       ontimer(f, 250)`
`>>> f()`
`>>> running = False`
	设置定时器，每隔指定的毫秒数执行函数

mainloop() | done()	调用 Tkinter 的 mainloop() 函数，必须放在海龟画图程序的最后
<div align="center">设置和特殊方法</div>	

mode（模式）
例子：
`>>> mode("logo")`
`>>> mode()`
`'logo'`
	设置海龟模式或返回海龟模式，"standard" 为标准模式，海龟的初始方向朝右，"logo" 模式下海龟初始方向朝上

续表

colormode()
例子：
`>>>colormode()`
`1.0`
`>>>colormode(255)`
`>>>colormode()`
`255`
`>>>pencolor(240,160,80)`
	设置或获取当前的颜色模式，一共有两种模式：colormode(1)和colormode(255)
	colormode(1)模式下，使用0~1的小数来描述RGB值；colormode(255)模式下，使用0~255的数值来描述颜色

getcanvas()
例子：
`>>> getcanvas()`
`<turtle.ScrolledCanvas object .!`
`scrolledcanvas>`
	返回当前画图窗口的画布大小

getshapes()
例子：
`>>> getshapes()`
`['arrow', 'blank', 'circle', 'classic',`
`'square', 'triangle', 'turtle']`
	返回当前海龟的可用形状

window_height()
例子：
`>>>window_height()`
`480`
	返回海龟画图窗口的高度

window_width()
例子：
`>>> screen.window_width()`
`640`
	返回海龟画图窗口的宽度

窗口方法	
bye()	关闭海龟画图窗口
exitonclick()	绑定bye()方法到屏幕单击事件

setup()
例子：
`>>>setup (width=200, height=200,`
`startx=0, starty=0)`
	设置窗口为200像素×200像素，在屏幕的左上角位置

title() 例子： `>>>title("Welcome to the turtle zoo!")`	设置绘图窗口的标题